高等院校艺术设计类专业
案例式规划教材

3ds Max + V-Ray
效果图制作教程

■ 主 编　卫 涛　李 容　王 健
■ 副主编　曲旭东　杨 凌
■ 参 编　徐梦瑶　曹忠敏　杜维月
　　　　　魏彬彬　钱 秀

华中科技大学出版社
www.hustp.c

内 容 提 要

作为讲解效果图制作的教材，本书向读者展现了使用 3ds Max 的可编辑多边形建模，使用 V-Ray 渲染，使用 Photoshop 进行后期处理的一般流程。本书中的室内设计、建筑设计实例均为已完工交付使用的真实项目，具有极强的实用性与极高的价值。另外，作者专门为本书录制了高品质教学视频，以帮助读者更加高效地学习。读者可以按照本书封面上的说明下载这些教学视频和其他配套教学资源。

图书在版编目（CIP）数据

3ds Max+V-Ray 效果图制作教程 / 卫涛，李容，王健主编.—武汉：华中科技大学出版社，2017.9
高等院校艺术设计类专业案例式规划教材
ISBN 978-7-5680-2664-2

Ⅰ.①3… Ⅱ.①卫…②李…③王… Ⅲ.①室内装饰设计 - 计算机辅助设计 - 三维动画软件 - 高等学校 - 教材 Ⅳ.① TU238-39

中国版本图书馆 CIP 数据核字 （2017）第 068100 号

3ds Max+V-Ray 效果图制作教程
3ds Max+V-Ray Xiaoguotu Zhizuo Jiaocheng

卫 涛 李 容 王 健 主编

策划编辑：金　紫

责任编辑：周永华

封面设计：原色设计

责任校对：曾　婷

责任监印：朱　玢

出版发行：华中科技大学出版社（中国·武汉）　　　电话：（027）81321913
　　　　　武汉市东湖新技术开发区华工科技园　　　邮编：430223

录　　排：武汉楚海文化传播有限公司

印　　刷：湖北新华印务有限公司

开　　本：880mm×1194mm　1/16

印　　张：14

字　　数：305 千字

版　　次：2017 年 9 月第 1 版第 1 次印刷

定　　价：78.00 元

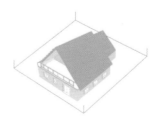

华中出版

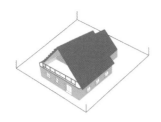

前言
Preface

在经济高速发展的今天，中国建筑业迅猛成长。作为其衍生行业之一的效果图制作也随之拓展和扩充。效果图制作业不同于其他行业，其不仅具有一定的艺术属性，同时也拥有技术属性，是艺术与技术相结合的产物，因此无法大量地重复制作，而是需要与时俱进，开拓创新。

效果图的制作分为两大部分：建模与渲染。建模在 3ds Max 中完成，渲染在渲染器中完成。本书介绍的建模方法是可编辑多边形，渲染器是 V-Ray。

在渲染时，材质与灯光是关键因素。要使用 3ds Max 自带的材质与灯光生成照片级的效果图，需要调整的内容很多很多，步骤也非常烦琐。可是作为 3ds Max 渲染插件的 V-Ray 出现了，其模块化的材质设置、固定模式的布灯让效果图的制作不再复杂，经过几步精简的参数化的操作，就可以生成写实级的效果图了。

经过一定时间的使用之后，会发现 V-Ray 太适合建筑与室内效果图的制作了，以至于每次打开 3ds Max 之后，就会将默认渲染器设置为 V-Ray 渲染器，将材质编辑器中的默认材质类型设置为 VRayMtl。也许有别的渲染器更加出众，注意，不要试着去比较其高低优劣，这些渲染器的开发商会比我们更具市场洞察力。我们要做的，就是在需要的时候熟练地让其应对工作（或创作）的要求。

偶然的一次随手测试或许就可以得到理想的效果，但是大多数时候，只有在具备足够多的知识储备和实践经验的情况下才能随心所欲地驾驭 3ds Max 和 V-Ray，让其来完成真实，或虚幻，或朦胧，或飘渺，或意境，或遐想等风格的作品。

本书并非实例的堆砌，每个实例的目的不在于讲解一个过程，而是在阐述一种思路、一种方法、一种原因、一种途径。在学习时，要知其然，更要知其所以然，否则场景一变，就不知道如何应对了。

学习用 3ds Max 和 V-Ray 制作效果图不是一朝一夕之功，更多的是依靠自身不断积累经验。无论何时，扎实的基本功是先决条件，小技巧、小套路只能让人暂时解决问题，并不能一劳永逸。学习虽然没有捷径，但还是有方法的，多交流多练习是进步的有效手段。

本书采用基于 Windows 平台的 3ds Max Design 2015 和 V-Ray 3.0 作为讲解软件，软件均为中文界面。在安装时，注意先安装 3ds Max Design 2015，再安装 V-Ray 3.0。在安装 3ds Max Design 2015 时，注意安装路径中不要出现中文字符，否则软件功能会出现一些问题，如渲染时丢失贴图、无法使用 IES 文件等。V-Ray 3.0 是作为插件安装到 3ds Max Design 2015 中的，不需要再次设置安装目录。3ds Max Design 是一个特殊版本的 3ds Max 软件，拥有加强版的灯光系统，更加接近真实效果，尤其适合于建筑与室内设计，因此笔者选用这个版本的软件展开相应的教学工作。

本书特色

1. 配套高品质教学视频，提高学习效率

为了便于读者更加高效地学习本书内容，笔者专门为本书的每一章内容都录制了大量的高清教学视频。这些视频和本书涉及的模型文件、贴图文件、材质文件等配套资源一起收录于本书配套下载资源中（请按封面上的提示下载本书配套资源）。

2. 以"面"为核心的建模概念

本书介绍 3ds Max 中可编辑多边形的建模方法。可编辑多边形这种建模方法不仅生成模型的面数精简，可以节省大量的渲染时间，更重要的是能让读者领会到 3ds Max 在建模时是一个面一个面堆起来的。学会生成面、使用面、控制面，这才是使用 3ds Max 建模的要领。

3. 给出了常见问题及处理方法

本书不仅介绍了效果图制作流程方法，还着重讲解了读者在操作过程中经常会遇到的问题，并分析了出现问题的原因及如何处理这些问题。

4. 项目案例典型，有很高的应用价值

本书中的室内设计实例、建筑设计实例均为真实的已经完工并交付使用的项目，具有很强的实用性，也有很高的实际应用价值和参考性，可以让读者融会贯通地理解书中所讲解的知识。

5. 使用快捷键，提高工作效率

本书的操作完全按照效果图制作的实际要求进行：不仅要准确而精美，并且要快速。因此每一步的操作，尽量采用快捷键，附录 A 中收录了 3ds Max 中常见的快捷键。

6. 提供完善的技术支持和售后服务

本书提供了专门的技术支持 QQ 群 48469816，读者在阅读本书、学习视频过程中有任何疑问都可以通过该群获得帮助。

本书内容介绍

第 1 章 崛地而起——效果图制作简介。介绍了可编辑多边形的建模方法，这种方法适合于建立室内模型与建筑模型；介绍了 V-Ray 的基本知识，如材质、灯光、渲染等。

第 2 章 晴空万里——家装阳光表现。介绍了使用可编辑多边形的方法，根据 AutoCAD 的电子图纸制作家装的室内设计模型；并利用 VR- 物理摄影机、VR- 阳光对建好的模型进行 V-Ray 渲染，生成阳光场景的效果图。

第 3 章 富丽堂皇——复式住宅室内表现。介绍了针对家装中比较高档的复式住宅，使用 3ds Max 自带的摄影机配合 VR- 灯光中的矩形光生成高品质的效果图的方法，并且使用 Photoshop 进行后期的处理。

第 4 章 金碧辉煌——电梯前室公共空间表现。介绍公共空间室内设计中的电梯前室效果图制作，讲解不同于家装设计的方法，着重说明灯光的照度、色彩的表现、材质的设定等。

第 5 章 朱楼翠阁——室外建筑建模。以一栋 6 层框架结构的坡屋顶住宅楼为例，介绍了使用可编辑多边形方法建立建筑模型的一般流程与方法。

第 6 章 画栋飞甍——室外建筑效果图渲染。介绍了用目标平行光模拟阳光、用目标聚光灯阵列模拟天光、用球天模拟反射环境，将第 5 章的模型渲染生成建筑效果图的过程。并使用 Photoshop 对渲染图像进行 Alpha 通道调整、加入配景等后期处理。

本书配套下载资源内容

为了方便读者高效学习，本书特意提供以下配套学习资源。

□ 高清教学视频（同步配音讲解）；

□ 建模部分的 DWG 电子图纸；

□ 渲染部分未完成的和已完成的 3ds Max 模型；

□ 渲染涉及的材质与贴图文件；

□ 渲染输出的 TIF 格式的效果图文件（带 Alpha 通道）；

□ 经过 Photoshop 后期处理的 PSD 文件（带图层）；

□ PSD 格式的配景素材；

□ JPG 格式的 V-Ray 参数手机版图片（可存入手机，随时查看渲染参数，详见附录 B）；

□ 与本书课程相关的作业文件（详见附录 C）。

适合阅读本书的读者

□ 从事建筑设计的人员；

□ 从事室内设计的人员；

□ 从事园林景观设计的人员；

□ 建筑学、城乡规划、环境艺术设计等相关专业的大中专院校学生；

□ 房地产开发公司人员；

□ 建筑表现、效果图制作与设计的从业人员；

□ 建筑软件、三维软件的爱好者；

□ CG 行业的从业人员；

□ 需要一本案头必备查询手册的人员。

基于培养符合新时代要求的效果图制作人才的目的，笔者应邀编写了本书。本书由卫涛、李容、王健担任主编，由曲旭东、杨凌担任副主编，由徐梦瑶、曹忠敏、杜维月、魏彬彬、钱秀担任参编。本书编写任务分工如下：第 1 章、第 3 章及附录由卫涛、曹忠敏编写，第 2 章由李容、杜维月编写，第 4 章由王健、徐梦瑶编写，第 5 章由曲旭东、魏彬彬编写，第 6 章由杨凌、钱秀编写。参加本书资料搜集与整理的人员还有柳志龙、刘依莲、李清清、夏培、刘帆、汪曙光、姚驰、曹浩、黄殷婷、陈星任、赵国彬、陈鑫、李文霞、何爽爽、余烨、刘毅、苏锦、黄雪雯、李青、朱昕羽、殷书婷、许婧钰、李黎明、王惠敏、董鸣、杜承原、谢金凤、朱洁瑜、尹羽琦、张文文、詹雯珊、周峰、范奎奎、刘宽、李志勇、曾凡盛、李瑞程、毛志颖。

本书的编写承蒙武汉华夏理工学院领导的支持与关怀！也要感谢学院的各位同仁在编写此书时付出的辛勤劳动！还要感谢出版社的编辑在本书的策划、编写与统稿中所给予的帮助！

虽然我们对本书中所述内容都尽量核实，并多次进行文字校对，但因时间所限，书中可能还存在疏漏和不足之处，恳请读者批评指正。

卫涛

于武汉光谷

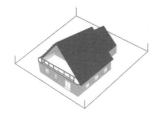

目录
Contents

第 1 章

崛地而起
——效果图制作简介

3ds Max 是由美国 Autodesk（欧特克）公司开发的一款三维设计软件，全称 3d Studio Max，其前身是在 DOS 平台运行的 3D Studio。软件自 1990 年推出以来，随着技术的进步，其功能越来越强大，操作也更加方便。

Mental Ray 渲染器被 NVIDIA 公司收购之后，一直作为 3ds Max 的默认渲染器。虽然 3ds Max 除此之外还有扫描线、Quicksilver、VUE 等自带渲染器，但是在效果图设计行业中，V-Ray 渲染器的使用面还是更广泛一些。因为 V-Ray 有极高的渲染品质，渲染速度也比较快，同时其操作可套用固定模块，容易上手。

本书采用 3ds Max Design 2015、V-Ray 3.0 为蓝本，介绍建模→材质→灯光→渲染→后期这一效果图制作流程。

1.1 可编辑多边形建模方法

3ds Max 软件有很多种建模方法，其最具优势的方式就是可编辑多边形。多边形建模方法是由传统的网格建模升级而来的，能够创建出更复杂的造型，却拥有更少的面数。3ds Max 的创建面板并没有直接创建多边形对象的命令，所有多边形物体均由其他物体转化而来。

1.1.1 可编辑多边形与 SketchUp 的比较

读者朋友可能会有一些疑惑，此书介绍 3ds Max，怎么牵扯到 SketchUp 上了。笔者有 6 年本科高校一线教学经验，有十几年三维软件培训经验，针对 3ds Max 尝试过各类型的教学方法。结果发现，了解 SketchUp 的学生，很容易就能理解 3ds Max 的建模方法，特别是其中的可编辑多边形工具。二者虽然有一定的不同，但是在建筑思路、建筑方法、模型特点上有很多相似之处。本小节中，将二者进行一定的对比与总结，以降低学生的学习难度。

1. 以 AutoCAD 的 DWG 文件为参照

绘制效果图、建模，都需要有一个参照，一般情况下都是参照 AutoCAD 的底图。可以观看 AutoCAD 的图，也可以将 AutoCAD 的 DWG 文件导入，当然后者

更直接一些。而这两款软件——3ds Max 与 SketchUp 都可以导入 DWG 文件，如图 1.1、图 1.2 所示。这样就可以不用切换软件、切换视图，而直接在屏幕上进行建模操作了，提高了作图的效率。

2. 以"面"为核心的建模概念

在 AutoCAD 中绘制的平面图，是一根一根的线组成的。而在三维软件中，则是以"面"为单位进行建模操作的。而这两款软件，3ds Max 与 SketchUp 都是以"面"为核心进行作图的。如何创建面、如何连接面、如何分割面、如何删除

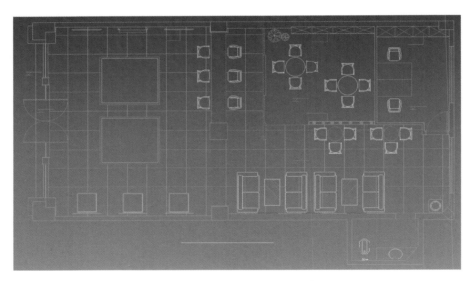

图 1.1　导入到 3ds Max 中的 CAD 底图

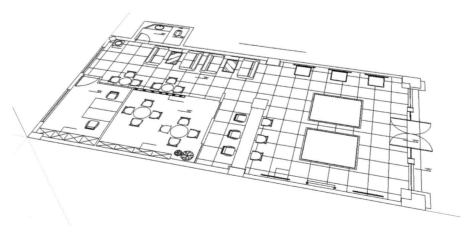

图 1.2　导入到 SketchUp 中的 CAD 底图

面、如何控制面的数量等，在后面都会介绍。如图 1.3、图 1.4 所示，是这两款软件对场景中面的数量进行检查的状况。

3. SketchUp 的"画"线功能

三维软件 3ds Max 和 SketchUp 虽然都是以"面"为核心的，但是二者还是有所不同。在 SketchUp 中是先画线，线封闭后会自动生成面。如图 1.5 所示，是使用 SketchUp 创建的一个垂花门，虽然

形体非常复杂，但是还是可以观察到其是由线组成的。

4. 3ds Max 的"布"线功能

3ds Max 也可以画线，但是其画线封闭后不能直接生成面，所以由线生成面的方法在 3ds Max 中行不通。3ds Max 中一般使用可编辑多边形来建模，在可编辑多边形中不能画线，一般是直接生成面，生成的面就已经有作为边界的线了。然后

图 1.3 3ds Max 中的面数

图 1.4 SketchUp 中的面数

×
—

图 1.5　SketchUp 中的 "画" 线功能

在已生成的面上，进行操作和调整，再生成新的线，这就叫做布线，如图 1.6 所示。这里讲的 "线" "面" 就对应可编辑多边形中的 "边" "多边形" 两个次物体级别，这些内容在后面会详细介绍。

1.1.2　可编辑多边形的级别

可编辑多边形对象的级别非常复杂，有一个物体级别，五个次物体级别：顶点、边、边界、多边形、元素。在建模时，应根据模型具体的特点，去选择应该进入的级别。每一个级别下面的操作方法也不同，因此增加了一定的难度。

1. 物体级别

要进入可编辑多边形的物体级别，只能单击【修改】面板中的【可编辑多边形】列表进入，如图 1.7 所示，没有别的方式。在对象转换为可编辑多边形之后，默认情况是直接进入物体级别。物体级别功能不多，一般会用到附加、细化两项。

附加：使场景中其他物体加入到当

图 1.6　3ds Max 的 "布" 线功能

图 1.7　进入物体级别

前的可编辑多边形对象中。在可编辑多边形的物体级别中，单击【附加】按钮，在场景中选择单个对象，如图 1.8 所示，这样可以将这个对象加入到可编辑多边形之中。如果需要附加多个对象，则应单击【附加列表】按钮，这时会弹出【附加列表】对话框，在【名称】栏中选择需要附加的对象，单击【附加】按钮完成附加，如图 1.9 所示。

细化：单击【细化】按钮一次，可编辑多边形中每个面均分为四个。选择需要细化的多边形对象，进入到物体级别，准备进行细化（注意并没有单击按钮），如图 1.10 所示。第一次单击【细化】按钮，对象中每个面均分为四个，如图 1.11 所示。第二次单击【细化】按钮，每个面再次被均分为四个，如图 1.12 所示。

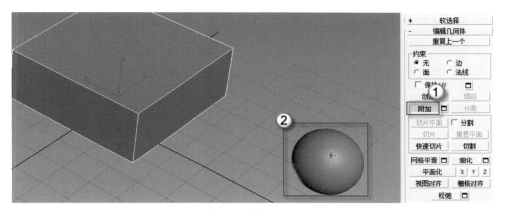

图 1.8　附加单个

图 1.9　附加列表

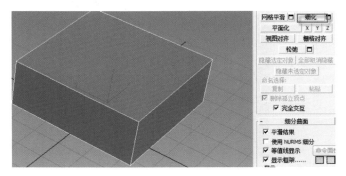

图 1.10　没有细化

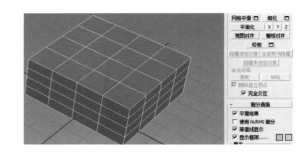

图 1.11　一次细化　　　　　　　　　　　　　图 1.12　二次细化

×

▪

∴【顶点】按钮。

◁【边】按钮。

◘【边界】按钮。

■【多边形】按钮。

◪【元素】按钮。

2. 顶点次物体级

要进入可编辑多边形的顶点次物体级，可以单击【修改】面板中的【可编辑多边形】列表的"顶点"选项，也可以单击【顶点】按钮。同样可以使用快捷键【1】键，进入到"顶点"次物体级。在这个次物体级中，主要是使用连接和切角两项功能。

连接：进入到可编辑多边形对象的顶点次物体级中，选择两个顶点，如图 1.13 所示，按下【连接】按钮，可以观察到软件自动在两个顶点之间用一条直线连接了，如图 1.14 所示。

切角：切角的功能就是让一个顶点变成四个有直线连接的顶点。进入到可编辑多边形对象的"顶点"次物体级中，勾选

"忽略背面"选项，选择需要切角的顶点，单击【切角设置】按钮，如图 1.15 所示，调整【切角量】的数值，完成后单击【√】按钮完成操作，如图 1.16 所示。

3. 边次物体级

要进入可编辑多边形的边次物体级，可以单击【修改】面板中的【可编辑多边形】列表的"边"选项，也可以直接单击【边】按钮。同样可以使用快捷键【2】键，进入到"边"次物体级。在这个次物体级中，主要是使用连接和切割两项功能。

连接：两根及两根以上直线之间的直线连接。选择在同一平面中的三根直线，单击【连接设置】按钮，在【分段】栏中输入"1"，此时可以生成一条新的连接直线，如图 1.17 所示。然后在【分段】

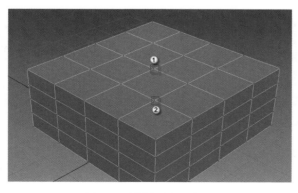

图 1.13　选择两个顶点

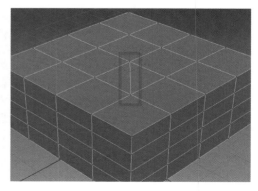

图 1.14　连接两个顶点

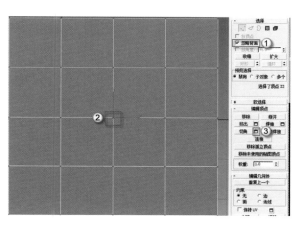

图 1.15　切角

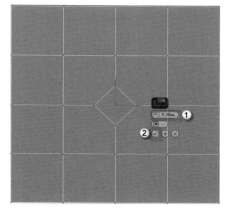

图 1.16　切角量调整

在可编辑多边形中，
忽略背面的选项经常
要用到。在选择对象
时，虽然在前面选择，
但很容易就把背后的
对象无意中选上了，
这时就需要使用忽略
背面选项。

栏中输入"2"，此时可以生成两条新的
连接直线，如图 1.18 所示。

　　切割：单击【切割】按钮，先选择顶
点，再选择直线，然后右击屏幕任意处，
这样顶点与直线之间就会用直线连上，如
图 1.19 所示。

4. 边界次物体级

　　要进入可编辑多边形的边界次物体
级，可以单击【修改】面板中的【可编辑
多边形】列表的"边界"选项，也可以直
接单击【边界】按钮。同样可以使用快捷
键【3】键，进入到"边界"次物体级。
在这个次物体级中，可以操作对边界的移
动、移动复制、缩放复制等。

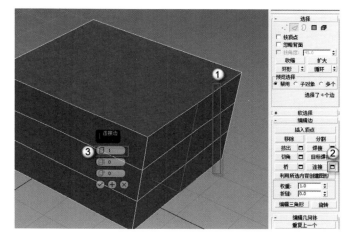

图 1.17　连接（1）

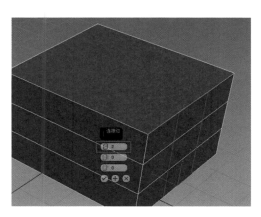

图 1.18　连接（2）

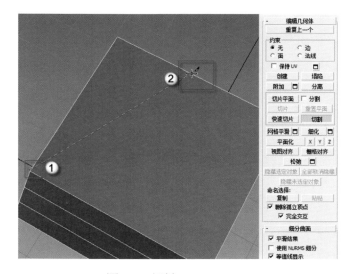

图 1.19　切割

小贴士

在 3ds Max 中用"边界"这个词不太恰当，因为从字面上看不出"边界"与"边"的区别。完整的意思应当是"开放的边界"，也就是没有"面"（"面"就是后面会介绍到的"多边形"）的一圈闭合的边界线，如图 1.20 所示。

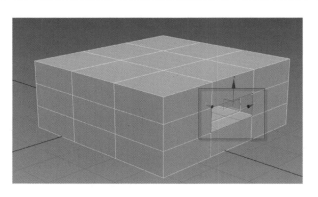

图 1.20　开放的边界

边界的移动复制：选择边界，按下【M】键，发出【移动】命令，配合键盘的【Shift】键，向外拉，可以生成可编辑多边形的新的次物体，如图 1.21 所示。

边界的缩放复制：选择边界，按下【R】键，发出【缩放】命令，配合键盘的【Shift】键，向内收，可以生成可编辑多边形的新的次物体，如图 1.22 所示。

边界的封口：选择开放的边界，如图 1.23 所示。按下【Alt】+【P】组合键，可以对其封口，就是在开放的区域生成一个新的面，如图 1.24 所示。

5. 多边形次物体级

要进入可编辑多边形的多边形次物体级，可以单击【修改】面板中的【可编辑多边形】列表的"多边形"选项，也可以直接单击【多边形】按钮。同样可以使用快捷键【4】键，进入到"多边形"次物体级。

在这个次物体级中，主要是使用挤出和插入两项功能。

挤出：选择多边形，如图 1.25 所示，按下【挤出设置】按钮，在【高度】栏中调整所需要的数值，如图 1.26 所示，可以观察到沿着原来多边形的法线方向生成了一个新的多边形。

插入：选择多边形，如图 1.27 所示，按下【插入设置】按钮，在【数量】栏中调整所需要的数值，如图 1.28 所示，可以观察到在原来的多边形中又插入了一个新的多边形。

6. 元素次物体级

要进入可编辑多边形的元素次物体级，可以单击【修改】面板中的【可编辑多边形】列表的"元素"选项，也可以直接单击【元素】按钮。同样可以使用快捷键【5】键，进入到"元素"次物体级。

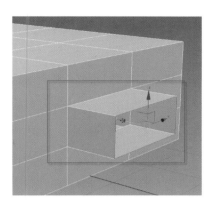

图 1.21 移动复制

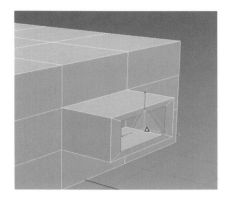

图 1.22 缩放复制

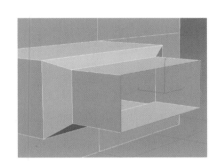

图 1.23 选择边界

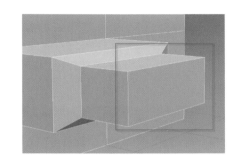

图 1.24 封口

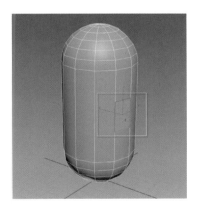

图 1.25 挤出前选择多边形

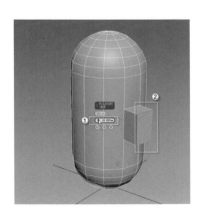

图 1.26 挤出设置

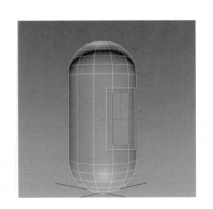

图 1.27 插入前选择多边形

图 1.28 插入

在这个次物体级中，主要是使用翻转和切片平面两项功能。

翻转：在"元素"次物体级中，选择对象，如图 1.29 所示，此时正面向外。单击【翻转】按钮，可以观察到整个对象的正面翻转到内部了，如图 1.30 所示。在正面向外时，用来绘制建筑（室外）效果图；在正面向内时，用来绘制室内效果图。

切片平面：切片平面一般用来制作室内的踢脚线，如图 1.31 所示。具体的制作方法会在后面的实例中详细介绍。

7. 连线的总结

在 3ds Max 的可编辑多边形中，两个或两个以上对象之间的连线很复杂，既要注意级别又要注意命令，在这里总结如下，供读者朋友参考。

（1）点与点之间的连线：在"顶点"次物体级下，使用【连接】命令。

（2）点与线之间的连线：在"边"次物体级下，使用【切割】命令。

（3）线与线之间的连线：在"边"次物体级下，使用【连接】命令。

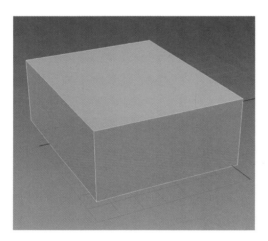

图 1.29 正面向外

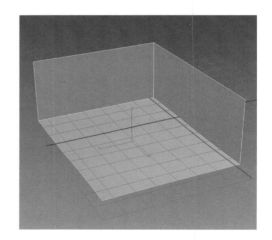

图 1.30 正面向内

图 1.31 踢脚线

1.1.3　实例：制作圆珠笔

本小节以一支圆珠笔为实例，来说明可编辑多边形的建模方法。本操作会涉及顶点、边、边界、多边形这四个次物体级别，也会使用到插入、切角、连接、挤出等可编辑多边形命令。具体操作如下。

（1）创建圆柱体。使用【圆柱体】命令，绘制一个圆柱体，高度和半径应参照真实的圆珠笔，只要保证其比例协调就行了，如图 1.32 所示。

（2）缩小顶点。将对象转换成可编辑多边形，进入到"顶点"次物体级，选择最下面一排顶点，按下【R】键，对这些顶点进行缩小操作，如图 1.33 所示。缩小这一排顶点直到汇聚成一个顶点为

止，如图 1.34 所示。

（3）选择多边形。进入到"多边形"次物体级，使用交叉选择的方式选择如图 1.35 所示的这组多边形。这组多边形就是圆珠笔握笔的位置，需要增加一些模型细节。

（4）插入多边形。单击【插入】按钮，以增加一些多形边，这样可以添加更多的细节，如图 1.36 所示。

（5）挤出多边形。上一步操作结束后，不取消当前选择，单击【挤出】按钮，会向外侧增加一圈多边形，如图 1.37 所示。这就是圆珠笔握笔部分会突出笔杆的实体形式。

（6）选择一圈边。进入到可编辑多

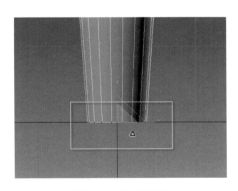

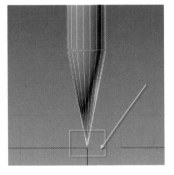

图 1.32　创建圆柱体　　　　图 1.33　缩小顶点　　　　图 1.34　汇聚一个顶点

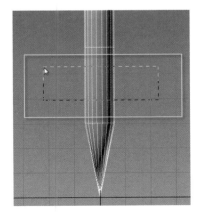

图 1.35　选择多边形　　　　图 1.36　插入多边形　　　　图 1.37　挤出多边形

边形的"边"次物体级,选择握笔部分上面一圈的边,如图 1.38 所示。

(7)对边进行切角。按下【切角】按钮,对上一步选择的那一圈边进行切角,如图 1.39 所示。使用同样的方法,对握笔部分下面一圈的边也进行切角,完成后如图 1.40 所示。

(8)连接边。进入可编辑多边形的

"边"次物体级,用交叉方式选择如图 1.41 所示的边。按下【连接设置】按钮,选择"8"条边,对选择的边进行连接,如图 1.42 所示。这里设置用 8 条边连接,读者可以根据实际的情况,定义连接边的数量。

(9)选择多边形。进入可编辑多边形的"多边形"次物体级,配合键盘的【Ctrl】键选择多边形,需要间隔地选择,如图 1.43 所示。选完后如图 1.44 所示。

(10)两次倒角。按下【倒角设置】按钮,对上一步选择的全部多边形进行第一次倒角,如图 1.45 所示。然后按下【;】键,重复上一次操作,对选择对象进行第二次倒角,如图 1.46 所示。经过两次倒角之后,握笔部分出现了丰富的细节。

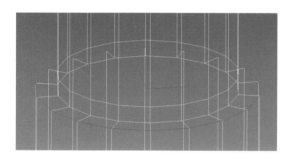

图 1.38　选择一圈边

图 1.39　对上圈进行切角

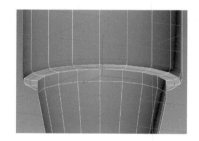

图 1.40　对下圈进行切角

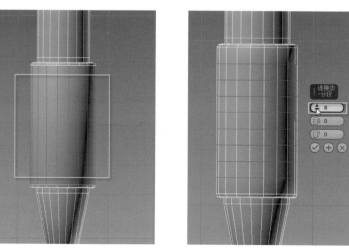

图 1.41　选择边

图 1.42　连接边

图 1.43　间隔选择

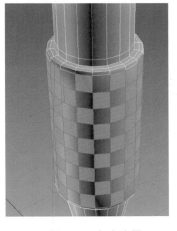

图 1.44　完成选择

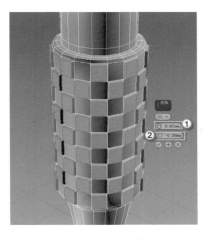

图 1.45　一次倒角

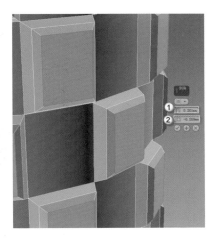

图 1.46　二次倒角

（11）创建开放的边界。在可编辑多边形的"多边形"次物体级中，选择最上面的一个圆形的多边形，如图 1.47 所示，按下【Delete】键将其删除，进入到可编辑多边形的"边界"次物体级中，可以选择这个开放的边界，如图 1.48 所示。通过这个开放的边界，开始制作圆珠笔笔头的按钮。

（12）缩放复制边界。在不取消边界选择的情况下，按下【R】键，配合键盘的【Shift】键，向内侧缩放复制出新的多边形，如图 1.49 所示。

（13）移动复制边界。在不取消边界选择的情况下，按下【M】键，配合键盘的【Shift】键，向下侧移动复制出新的多边形，如图 1.50 所示。

（14）缩放复制边界。在不取消边界选择的情况下，按下【R】键，配合键盘的【Shift】键，向内侧缩放复制出新的多边形，如图 1.51 所示。

（15）移动复制边界。在不取消边界选择的情况下，按下【M】键，配合键盘的【Shift】键，向上侧移动复制出新的多边形，如图 1.52 所示。

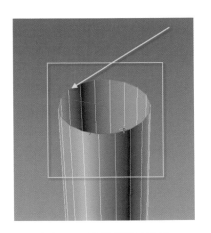

图 1.47　选择圆形多边形　　　　图 1.48　选择开放的边界

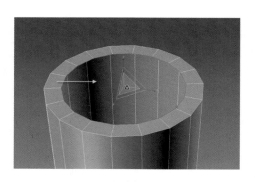

图 1.49　缩放复制边界（1）

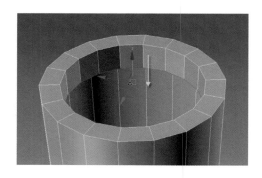

图 1.50　移动复制边界（1）

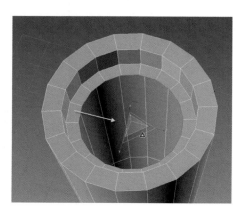

图 1.51　缩放复制边界（2）

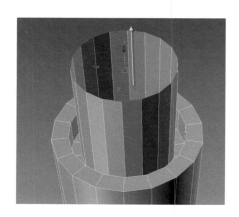

图 1.52　移动复制边界（2）

（16）缩放复制边界。在不取消边界选择的情况下，按下【R】键，配合键盘的【Shift】键，向外侧缩放复制出新的多边形，如图 1.53 所示。

（17）移动复制边界。在不取消边界选择的情况下，按下【M】键，配合键盘的【Shift】键，向上侧移动复制出新的多边形，如图 1.54 所示。

（18）封口。在不取消边界选择的情况下，按下【Alt】+【P】组合键，对开放的边界进行封口操作，如图 1.55 所示。可以观察到，圆珠笔笔头按钮部分已经完成。

（19）按下【F】键，进入到前视图，选择如图 1.56 所示的三根纵向直线。按下【连接设置】按钮，将这三根纵向直线

用两根横向直线连接，如图 1.57 所示。

（20）创建开放的边界。在可编辑多边形的"多边形"次物体级中，选择由上一步生成的两个多边形，按下【Delete】键将其删除，进入到可编辑多边形的"边界"次物体级中，可以选择这个开放的边界，如图 1.58 所示。

（21）移动复制边界。在不取消边界选择的情况下，按下【M】键，配合键盘的【Shift】键，向右侧移动复制出新的多边形，如图 1.59 所示。

（22）选择顶点。进入可编辑多边形的"顶点"次物体级，选择如图 1.60 所示的上下两个顶点。这两个顶点相较于同平面的其他顶点在 x 轴方向上略显突出，需要调整。

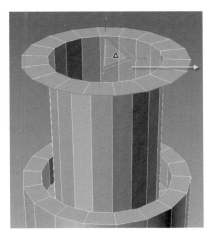

图 1.53　缩放复制边界

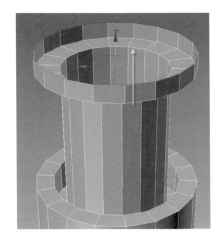

图 1.54　移动复制边界

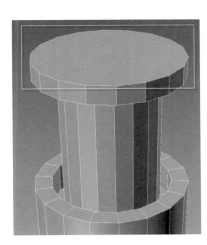

图 1.55　封口

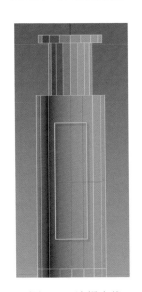

图 1.56　选择直线

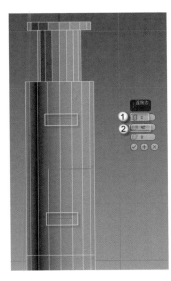

图 1.57　连接直线

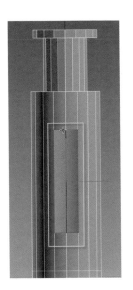

图 1.58　选择边界

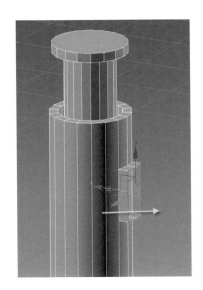

图 1.59　移动复制

（23）移动顶点。在不取消两个顶点选择的情况下，按下【T】键，进入顶点视图，按下【M】键，将其移动对齐到如图 1.61 所示的位置。

（24）封口。进入到可编辑多边形的"边界"次物体级，选择开放的边界，按下【Alt】+【P】组合键，对其进行封口操作，如图 1.62 所示。

（25）连接边。进入到可编辑多边形的"边"次物体级，选择底部的三根线，单击【连接设置】按钮，将这三根线用一

根直线连接，如图 1.63 所示。

（26）选择开放的边界。进入到可编辑多边形的"多边形"次物体级，选择多边形，按下【Delete】键将其删除，此时会出现一个开放的边界。再进入到可编辑多边形的"边界"次物体级，选择这个开放的边界，如图 1.64 所示。

（27）移动复制边界。在不取消边界选择的情况下，按下【M】键，配合键盘的【Shift】键，向下侧移动复制出新的多边形，如图 1.65 所示。

图 1.60　选择顶点

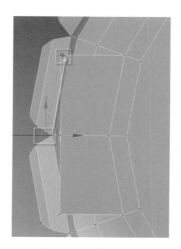
图 1.61　移动对齐

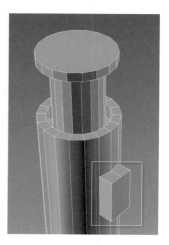
图 1.62　封口

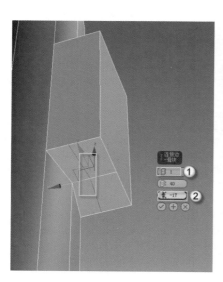
图 1.63　连接边

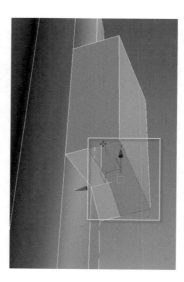
图 1.64　选择开放的边界

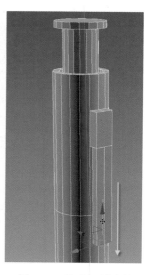
图 1.65　移动复制边界

（28）缩放边界。在不取消边界选择的情况下，按下【R】键，缩小这个开放的边界，如图 1.66 所示。

（29）完成圆珠笔建模。按下【Alt】+【P】组合键，对这个开放的边界进行封口操作。完成后调整视图，检查模型，如图 1.67 所示。

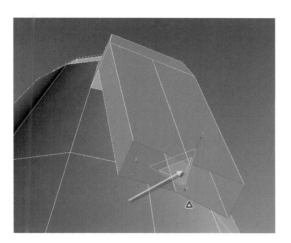

图 1.66　缩放边界

图 1.67　检查模型

1.2　V-Ray 的基本介绍

V-Ray 的开发者是著名的 Chaos Group 公司，于 2001 年开始以 3ds Max 的插件形式面市。发展至今已经有 Maya、Rhinoceros、Cinema 4D、SketchUp、Revit 等多个插件版本，不光是在建筑和室内设计业表现活跃，在工业设计中也开始崭露头角了。

1.2.1　V-Ray 材质

V-Ray 在材质方面的表现力非常强大，直接把常用的材质类型模块化了，设计师只需要简单地修改几个参数，就可以轻松获得照片质量且充满细节的材质。V-Ray 的材质类型有很多，最常见的也是本书重点介绍的就是 VRayMtl 材质，即 V-Ray 材质。

（1）设置当前渲染器为 V-Ray 渲染器。按下【F10】键，在【渲染设置】对话框中，选择【公用】选项卡，在【指定渲染器】卷展栏中单击【产品级】后的【…】按钮，在弹出的【选择渲染器】对话框中选择"V-Ray Adv"渲染器，单击【确定】按钮，如图 1.68 所示。只有 V-Ray 渲染器是当前渲染器，3ds Max 中的 V-Ray 材质才生效。

（2）调整材质编辑器。按下【M】按钮，将弹出【Slate 材质编辑器】对话框，如图 1.69 所示。Slate 材质编辑器是在设计和编辑材质时使用节点和关联的图形方式显示材质结构，虽然功能比较强大，但是操作非常复杂，特别是在使用 V-Ray 材质时，应切换到精简材质编辑器。单击【模式】→【精简材质编辑器】命令，会转换到【精简材质编辑器】对话框。

（3）V-Ray 材质。单击【Arch

& Design】按钮，在弹出的【材质/贴图浏览器】对话框中，选择"V-Ray"→"VRayMtl"材质，如图1.70所示。这个"VRayMtl"材质就是常说的 V-Ray 材质。

（4）基本参数。V-Ray 材质有三个基本参数：【漫反射】、【反射】、【折射】，如图1.71所示。漫反射就是指物体自身的颜色；反射就是指物体表面反射环境的颜色；折射比较特别，不能从字面去理解，在 V-Ray 中主要是指物体的透明度。

（5）颜色选择器。在【漫反射】、【反射】、【折射】三个参数框中，各有一个颜色框，如图1.72所示。不论单击哪个颜色框，都会弹出一个【颜色选择器】对话框，如图1.73所示。这个颜色选择器在这三个参数下的使用各不相同，具体的操作会在后面的实例中介绍。

图 1.68　选择 V-Ray 渲染器

图 1.69　Slate 材质编辑器

在 V-Ray 材质中，没有透明度的概念，透明度的设置是在【折射】中完成的。不透明的对象是不需要设置这个参数的。

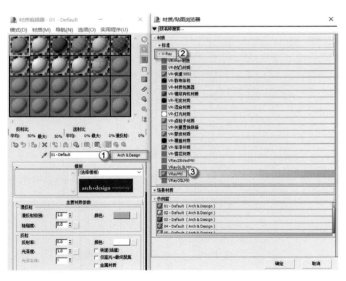

图 1.70　选择 VRayMtl 材质

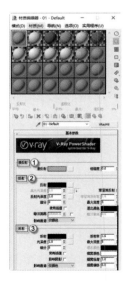

图 1.71　基本参数

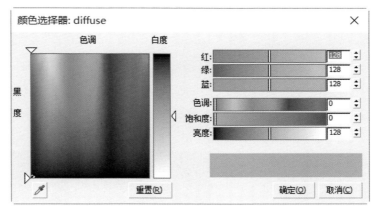

图 1.72　颜色框　　　　　　　　　　图 1.73　颜色选择器

小贴士　在选择 V-Ray 渲染器时，一般有两个选项，"V-Ray Adv"和"V-Ray RT"。带"Adv"字样的 V-Ray 渲染器是基于 CPU 的渲染器，带"RT"字样的 V-Ray 渲染器是基于 GPU（就是显卡）的渲染器。虽然基于 GPU 的渲染器速度很快，但是由于目前技术不大成熟，因此问题也比较多。目前还是以使用 V-Ray Adv 渲染器的为多数。

1.2.2　V-Ray 灯光

虽然 3ds Max 中自带了一些灯光，如聚光灯、泛光灯、平行光等。但是引入 V-Ray 渲染器后，设计师们还是偏好使用 V-Ray 的灯光系统。

（1）V-Ray 灯光系统的位置。单击【创建】→【灯光】→【VRay】命令，可以观察到在【对象类型】中有四类 V-Ray 灯光：VR- 灯光、VRayIES、VR- 环境灯光、VR- 太阳。

（2）VR- 灯光。VR- 灯光主要设置类型、倍增、颜色、大小、投射阴影、不可见这几个参数，如图 1.74 所示。

①类型。VR- 灯光类型有平面、穹顶、球体、网格四类，如图 1.75 所示。

②倍增。数值越大，灯光越亮；数值越小，灯光越暗。

③颜色。灯光的颜色。

④大小。灯光形体的尺寸。

⑤投射阴影。勾选此项，灯光会在场景中投射出阴影。

⑥不可见。勾选此项，灯光形状不会出现在场景中，注意仅是形状不出现，但是灯光一样会发光。

（3）VRayIES。VRayIES 中主要设置 IES 文件、颜色这两个参数，如图 1.76 所示。

① IES 文件。单击这个按钮，可以去选择计算机中的 IES 文件，这一点类似于 3ds Max 的光度学灯光，选择了 IES 文件后，灯光的样式、大小就由 IES 文件

决定。

②颜色。虽然选择了 IES 文件，但是灯光的颜色还是需要在此处设置。

（4）VR- 环境灯光和 VR- 太阳。这两个灯光系统一般是一起设置的，VR- 环境灯光用来模拟天光，偏冷；VR- 太阳用来模拟太阳光，偏暖。二者的参数也比较相似，都是设置颜色与强度，如图 1.77、图 1.78 所示。具体的搭配组合方式在后面的实例中会详细介绍。

图 1.74　VR- 灯光

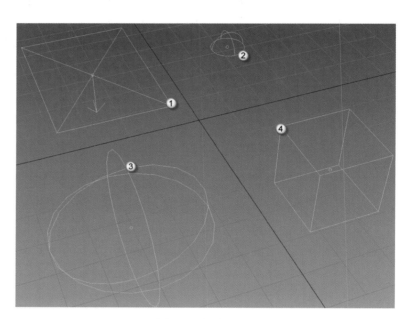

图 1.75　灯光类型

图 1.76　VRayIES

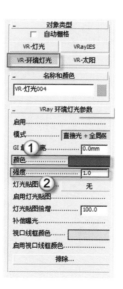

图 1.77　VR- 环境灯光

图 1.78　VR- 太阳

1.2.3　V-Ray 渲染

V-Ray 渲染器采用全局光照引擎，使用蒙特卡洛的计算方式，渲染后可以得到照片级的真实效果。渲染参数设置有一定的定式，并不难，有些参数需要读者朋友记下来甚至背下来。渲染参数主要分两类：渲染测试图参数和渲染正图参数。测试参数的渲染速度快，但效果不好，主要是用于看效果图大体情况；正图参数的渲染速度很慢，但效果特别好，用作输出正式效果图。

1. 渲染测试图的参数

渲染测试时对于参数的要求就是：在保证能看清画面的情况下，速度尽可能地快。因为只有速度快才能保证调试的时间。效果图设计就是一个不断调试的过程，灯光、材质没有一个完全固定的数值，需要根据具体的场景具体分析、调整。

（1）新建测试材质。按下【M】键，在弹出的【材质编辑器】对话框中，选择任意一个材质球，命名为"测试"，在【漫

反射】栏中单击颜色框，在弹出的【颜色选择器】对话框中，设定【红】为"220"，【绿】为"220"，【蓝】为"220"，单击【确定】按钮，如图 1.79 所示。

（2）使用测试材质。按下【F10】键，在弹出的【渲染设置】对话框中，选择【V-Ray】→【全局开关】栏，将【材质编辑器】对话框中的"测试"材质球拖曳到【无】按钮上，如图 1.80 所示。这时场景中的所有材质会被"测试"材质所代替，在渲染时所有对象就用这种单一颜色来表现，如图 1.81 所示，此时可以快捷地观察场景的明暗度，不断进行灯光的调整。

（3）图像采样器参数。在【图像采样器（抗锯齿）】卷展栏中选择【固定】类型，并在【固定图像采样器】卷展栏将【细分】设定为"1"，如图 1.82 所示。

（4）全局照明参数。进入【GI】选项卡，在【全局照明】卷展栏中勾选"启用全局照明"选项，将【首次引擎】设定为"发光图"、将【二次引擎】设定为"灯

图 1.79　设置测试材质

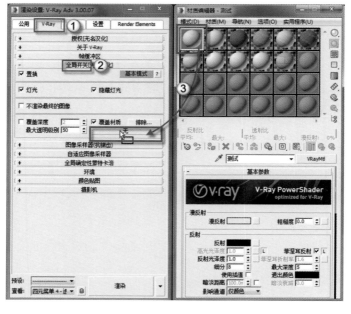

图 1.80 使用测试材质

在设置了材质之后，场景中的亮度总会降低一些。因此利用单色显示判断灯光强弱时，需要略偏亮一些才能满足需求。

图 1.81 单色显示

光缓存"。在【发光图】卷展栏中，设定【当前预设】为"自定义"，并调整【最小速率】、【最大速率】、【细分】、【插值采样】参数。在【灯光缓存】卷展栏中，设置【细分】参数为"300"。具体操作与详细参数如图 1.83 所示。

2.渲染正图参数

（1）抗锯齿参数。在【全局开关】卷展栏中取消"隐藏灯光""覆盖材质"两处的勾选。在【图像采样器（抗锯齿）】卷展栏中选择"自适应细分"类型，选择"Catmull-Rom"过滤器。在【自适应细分图像采样器】卷展栏中设置【最小速率】、【最大速率】、【颜色阈值】三个参数。在【全局确定性蒙特卡洛】卷展栏中设置【自适应数量】、【噪波阈值】、【全局细分倍增】三个参数。具体操作与详细参数如图 1.84 所示。

（2）全局照明参数。进入【GI】选项卡，在【发光图】卷展栏中，调整【最小速率】、【最大速率】、【细分】、【插值采样】参数。在【灯光缓存】卷展栏中，设置【细分】参数为"1000"。具体操作与详细参数如图 1.85 所示。

23

一定要取消"隐藏灯光"的勾选。因为在 3ds Max 建模时，为了能让设计师看得见，系统默认是有隐藏灯光的，如果计算这些灯光，会影响场景中布光的方案，所以一定要此处的勾选。

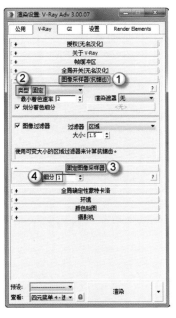

图 1.82　抗锯齿参数

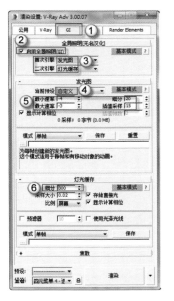

图 1.83　全局照明参数

图 1.84　抗锯齿

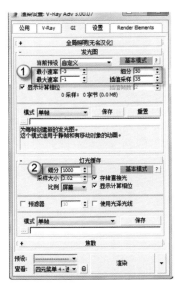

图 1.85　全局照明

第2章

晴空万里
——家装阳光表现

本章通过一个现代家居的实例，来描述客厅的阳光表现。由于南侧有一块大落地玻璃，表现后此处会有暖暖的阳光气息。本章会从 AutoCAD 中的精简图纸开始讲起，介绍在 3ds Max 中建模、赋予材质、设置灯光及在 V-Ray 中渲染。让读者对使用 V-Ray 制作效果图有一个整体的了解。V-Ray 的调整并不复杂，希望读者通过本例，触类旁通，掌握一般室内阳光表现的方法。

2.1　前期准备

在绘制效果图之前，一般要熟悉 AutoCAD 图纸，并对图纸进行一定量的精简。有了这个准备工作，建模、渲染也就方便了。

2.1.1　AutoCAD 文件导出

打开配套资源中的 AutoCAD 平面图形文件，如图 2.1 所示。可以观察到客厅处有一落地大玻璃，本例将建立客厅与餐厅的模型。

在 3ds Max 中不需要这么多的图纸内容，必须对图纸进行精简。打开【图层特性管理器】，新建一个图层并取名导入，如图 2.2 所示。

将所有图形放至导入图层中，修改其颜色、线型、线宽，如图 2.3 所示。这样图形导入到 3ds Max 后，就显得精简，操作就更为方便。

在 AutoCAD 的命令行中输入"wblock"（写块）命令，在弹出的【写块】对话框中选择【插入单位】为"毫米"，如图 2.4 所示。其中，AutoCAD 命令行如下。

命令：w

WBLOCK

选择对象：找到 1 个

选择对象：

指定插入基点：

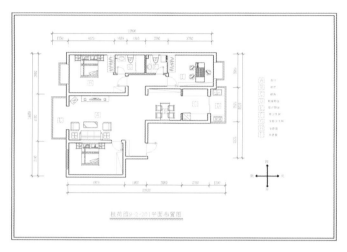

图 2.1　AutoCAD 图纸

图 2.2　新建图层

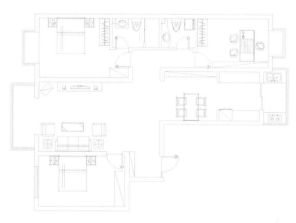

图 2.3　创建图块

图 2.4　写块

2.1.2 3ds Max 中导入 CAD 文件

在启动 3ds Max 后，需要对其绘图环境进行设置，如系统单位、单位比例等。因为 3ds Max 在默认情况下使用英制单位，不符合要求。具体操作如下。

（1）设置单位。单击【自定义】→【单位设置】命令，在弹出的【单位设置】对话框中将【显示单位比例】改成【公制】的"毫米"，如图 2.5 所示。单击【系统单位设置】按钮，在弹出的【系统单位设置】对话框将【系统单位比例】改为"1Unit=1.0 毫米"，如图 2.6 所示。

（2）导入 CAD 文件。单击【文件】→【导入】命令，在弹出的【选择要导入的文件】对话框中，选择文件类型为"AutoCAD 图形（*.DWG，*.DXF）"，如图 2.7 所示。然后找到上一节完成的

DWG 文件，单击【打开】按钮，导入文件后如图 2.8 所示。

（3）导入图形后，按下键盘上的【Z】键，将所有图形显示出来，效果如图 2.9所示。有了这张底图，建模时就有依据了。

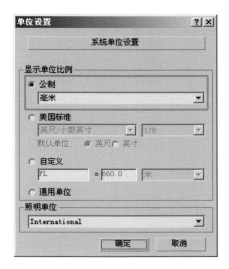

图 2.5 单位设置

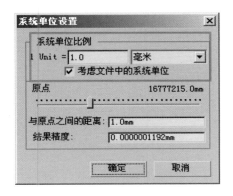

图 2.6 系统单位设置

图 2.7 查找文件

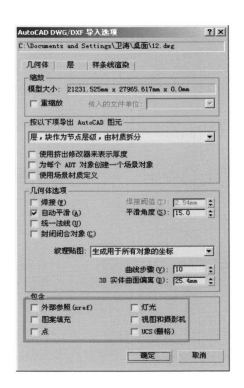

图 2.8 导入选项

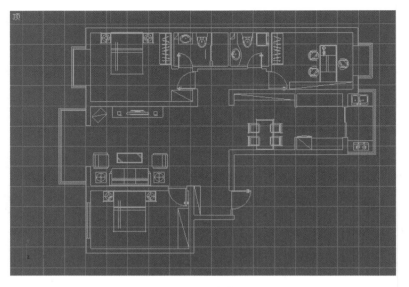

图 2.9　显示所有图形

2.2　建立模型

有了导入的平面设计底图，建模就方便了。由于 3ds Max 中画线的功能比不上 AutoCAD，所以一般的操作方法是将 AutoCAD 底图导入，然后在 3ds Max 中用直线再勾画一次。这样的操作既精确，模型又简练。

2.2.1　建立室内空间主体结构

室内空间主体结构使用先画线然后挤出的方法。3ds Max 的多边形操作很实用，如今的效果图建模，绝大部分都会用到多边形。具体操作如下。

（1）调整图形的位置。选择导入的图形，按下键盘的【W】键，用【移动】工具将图形左下角的点对齐视图的原点，如图 2.10 所示。

（2）冻结物体。右击图形，选择【冻结当前选择】命令，将导入的 CAD 图形冻结起来，如图 2.11 所示。这样避免在绘图操作时出现意外。

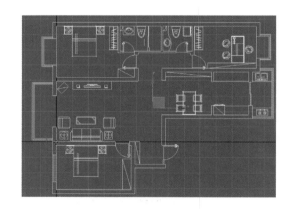

图 2.10　对齐原点

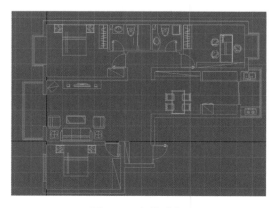

图 2.11　冻结对象

　　3ds Max 默认冻结的颜色是深灰，不便于观察，可以进行调整。方法是单击【自定义】→【自定义用户界面】命令，在弹出的【自定义用户界面】对话框中选择【颜色】标签，并做如图 2.12 所示的操作，这样就可以更改冻结的颜色。

小贴士

　　（3）设置捕捉。右击【捕捉开关】按钮，在弹出的【栅格和捕捉设置】对话框中勾选"顶点""端点"2 项，如图 2.13 所示。然后单击【选项】标签，勾选"捕捉到冻结对象"选项，如图 2.14 所示。最后按下键盘上的【S】键，打开捕捉。

　　（4）画线。单击【创建】→【图形】→【线】命令，沿着客厅、餐厅的内墙线将室内主体空间勾勒出来，如图 2.15 所示。

　　（5）切换视角。按下键盘的【P】键，切换到透视图。然后使用组合键【Alt】+

【鼠标中键】移动视图到方便观测的位置，如图 2.16 所示。

　　（6）挤出高度。进入到【修改】面板，给物体增加一个"挤出"修改器，并设定挤出【数量】为"2850mm"，如图 2.17 所示。这个 2850mm 就是室内的净高。

　　（7）转多边形。右击对象，选择【转换为】→【转换为可编辑多边形】命令，将对象塌陷成多边形，便于精细建模。按下键盘的【4】键，进入"元素"次物体级，选择整个元素，如图 2.18 所示。

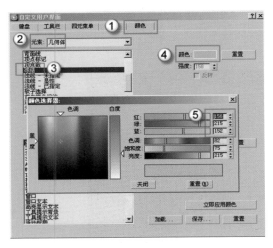

图 2.12　更改冻结的颜色

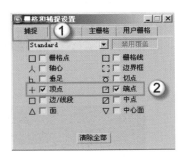

图 2.13　捕捉设置

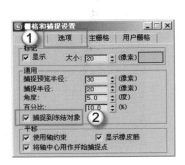

图 2.14　捕捉到冻结对象

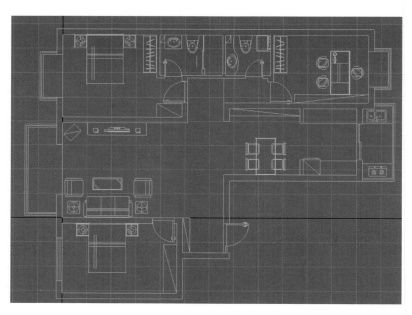

图 2.15　勾勒出室内空间主体

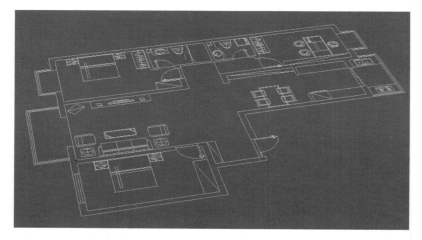

图 2.16　调整视角体

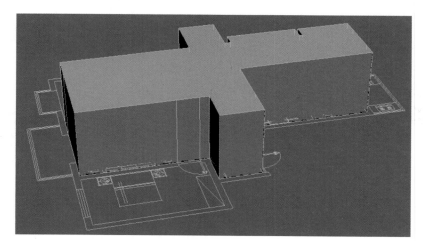

图 2.17　挤出

（8）将正面翻转到内侧。在多边形的"元素"次物体级下，单击【翻转】按钮，如图 2.19 所示，将正面转到室内。然后右击对象，在弹出的【对象属性】对话框中勾选"背面消隐"选项。完成后的模型以单面显示，如图 2.20 所示。

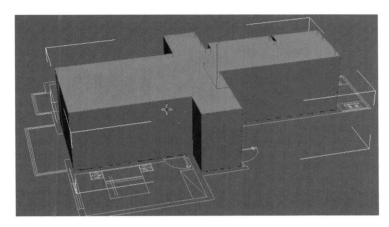

图 2.18　转多边形

图 2.19　翻转

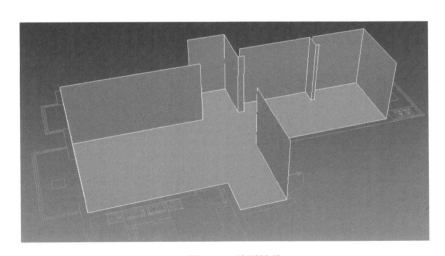

图 2.20　单面显示

小贴士　　在 3ds Max 的可编辑多边形中，一般情况下要使用单面建模。在制作室内效果图时，正面向内；在制作室外建筑效果图时，正面向外。因为 3ds Max 在默认情况下，只渲染正面，反面是不进行计算的，请读者一定注意正反面的问题。

2.2.2 建立门

作效果图时一般有两种方法：一种是边建模边赋予材质；另一种是建完模型后再赋予材质。显然前者更为科学，只用颜色将不同材质区分开就行。

（1）地面材质。按下键盘的【M】键，在弹出的【材质】面板中选择一个材质球，命名为"地面"，在【漫反射】级别上设定一种颜色，并赋予相应的对象，如图2.21所示。

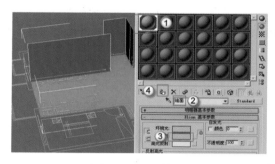

图 2.21　地面材质

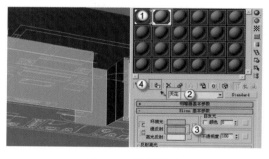

图 2.22　天花材质

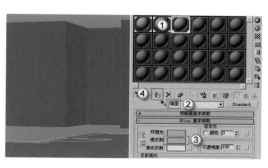

图 2.23　墙面材质

（2）天花材质。按下键盘的【M】键，在弹出的【材质】面板中选择一个材质球，命名为"天花"，在【漫反射】级别上设定一种颜色，并赋予相应的对象，如图2.22所示。

（3）墙面材质。按下键盘的【M】键，在弹出的【材质】面板中选择一个材质球，命名为"墙面"，在【漫反射】级别上设定一种颜色，并赋予相应的对象，如图2.23所示。

（4）建立阳台处门1。单击对象，在【修改】面板中进入"边"次物体级，选择相邻两条边，如图2.24所示。选择【编辑边】卷展栏，单击【连接】按钮，在原来选择的两条直线中间会出现一条新的直线，如图2.25所示。

（5）建立阳台处门2。将这条线移至与地面距离2100mm的位置，如图2.26所示。这样就形成了门的轮廓。

（6）建立阳台处门3。在【修改】面板中进入"多边形"次物体级，选择门所在的多边形，单击【插入】按钮，设置【插入量】为"60mm"，如图2.27所示。

（7）建立阳台处门4。使用【切割】工具，将顶点与边线连接，如图2.28所示。因为底部并没有门套。调整顶点到如图2.29所示的位置，这样就为下一步挤出门套创造了条件。

（8）建立阳台处门5。进入"多边形"次物体级，选择门套，单击【挤出】按钮，在弹出的【挤出多边形】对话框中设定【挤出高度】为"15mm"，如图2.30所示。选择玻璃门，单击【挤出】按钮，在弹出的【挤出多边形】对话框中设定【挤出高度】为"-100mm"，如图 2.31 所示。

（9）建立阳台处门 6。将玻璃门连接出一根中线。进入"边"次物体级，选择这根边线，单击【切角】按钮，在弹出的【切角边】对话框中，设定【切角量】为"2mm"，如图 2.32 所示。这就是两扇玻璃门的中缝。

（10）建立阳台处门 7。进入"多边形"次物体级，分别选择这两扇单面玻璃，单击【分离】按钮，将其分离为两个独立的对象，取名为"玻璃""玻璃 2"。然后分别将这两个对象挤出 5mm 的距离，让其变成有厚度的玻璃，如图 2.33 ～图 2.35 所示。

图 2.24　选择边

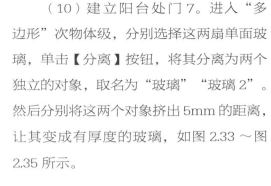

图 2.25　连接线

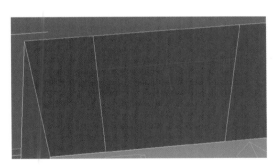

图 2.26　移动线

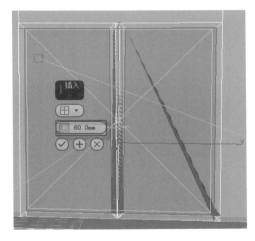

图 2.27　插入

图 2.28　连接顶点与边线

图 2.29　调整顶点

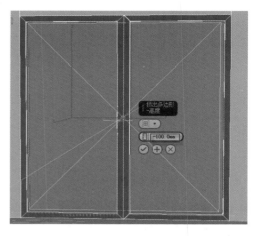

图 2.30　挤出门套　　　　　　　　　　　　图 2.31　挤出玻璃门

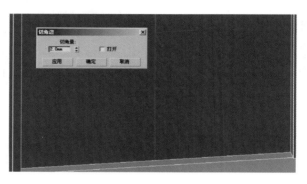

图 2.32　设定切角

图 2.33　玻璃　　　　　　　图 2.34　玻璃 2　　　　　　　图 2.35　厚度

小贴士　　　V-Ray 中的玻璃表现与 3ds Max 的默认渲染器不一样，不仅需要透明，而且还要有一定的折射。只有存在厚度的物体才能表现出折射的效果，而单面的形体无法表达，所以这里需要将玻璃形体分离出去并挤出厚度。

（11）阳台处门的材质。按下键盘的【M】键，在弹出的【材质】面板中选择多个材质球，分别命名为"门套""门缝""玻璃"，在【漫反射】级别上设定颜色进行区分，并赋予相应的对象，如图 2.36 所示。

（12）建立进户门 1。单击主体对象，在【修改】面板中进入"边"次物体级，选择相邻两条边，选择【编辑边】卷展栏，单击【连接】按钮，在原来选择的两条直线中间会出现一条新的直线，如图 2.37 所示。

（13）建立进户门 2。单击主体对象，在【修改】面板中进入"多边形"次物体级，选择门所在的面，选择【编辑多边形】卷展栏，单击【插入】按钮，在弹出的【插入多边形】对话框中设置其【插入量】为"100mm"，如图 2.38 所示。

（14）建立进户门 3。使用【切割】工具，将顶点与边线连线，如图 2.39 所示。因为底部并没有门套，调整顶点到合适的位置。进入到"边"次物体级及"顶点"次物体级，删除多余的边和顶点。

（15）建立进户门 4。进入"多边形"次物体级，选择门套，单击【挤出】按钮，在弹出的【挤出多边形】对话框中设定【挤出高度】为"15mm"，如图 2.40 所示。

（16）建立进户门 5。进入"多边形"次物体级，选择门所在多边形，单击【挤出】按钮，在弹出的【挤出多边形】对话框中设定【挤出高度】为"-80mm"，如图 2.41 所示。

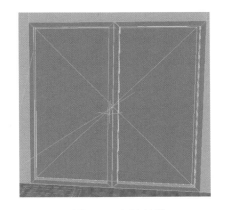

图 2.36　门的材质

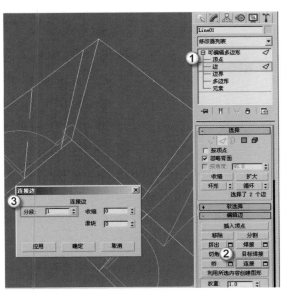

图 2.37　连接边

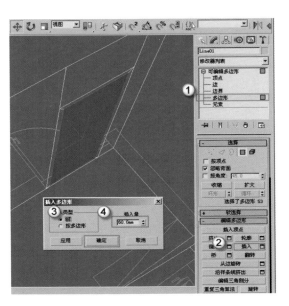

图 2.38　插入

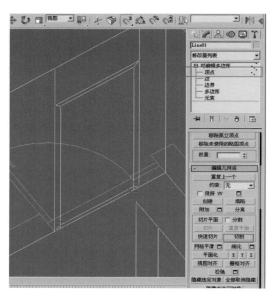

图 2.39　点切割

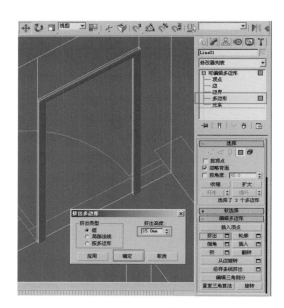

图 2.40　挤出多边形

在 3ds Max 中，孤立模式显示可以加快操作速度，正视图显示便于选择。单击【退出孤立模式】按钮，可以退出。

（17）建立进户门 6。进入"多边形"次物体级，选择门所在多边形，单击【分离】按钮，在弹出的【分离】对话框中设定【分离为】为"进户门"，如图 2.42 所示。

（18）建立进户门 7。单击进户门，进入孤立模式显示并正视图显示，右击进户门，选择【转换为】→【转换为可编辑多边形】命令，进入"多边形"次物体级，

选择门所在多边形，单击【插入】按钮，在弹出的【插入】对话框中设定【插入量】为"60mm"，如图 2.43 所示。这样就形成了门边缝，以便做出门的选型及门把手。

（19）建立进户门 8。进入"边"次物体级，选择门内部相邻两条边，单击【连接】按钮，在弹出的【连接边】对话框中设定【分段】为"2"，如图 2.44 所示。

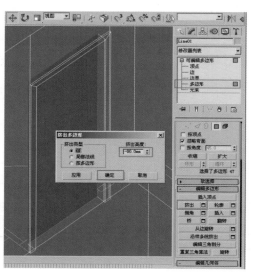

图 2.41　多边形挤出

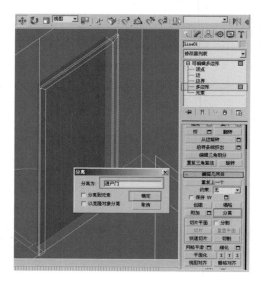

图 2.42　多边形分离

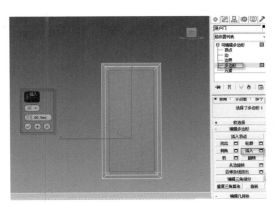

图 2.43　多边形插入

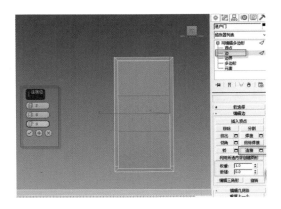

图 2.44　连接边

（20）建立进户门 9。进入"边"次物体级，选择门内部相邻两条边，单击【切角】按钮，在弹出的【切角边】对话框中设定【切角量】为"40mm"，如图 2.45 所示。

（21）建立进户门 10。进入"边"次物体级，选择门内部上下四条边，单击【连接】按钮，在弹出的【连接边】对话框中设定【分段】为"1"，如图 2.46 所示。并对该边进行切角，【切角量】为"40mm"。

（22）建立进户门 11。进入"多边形"次物体级，选择门内部多边形，单击【倒角】按钮，在弹出的【倒角多边形】对话框中

设定【高度】为"−20mm"，【轮廓量】为"−24mm"。如图 2.47 所示。

（23）建立进户门 12。进入"多边形"次物体级，选择门内部倒角后的多边形，再次单击【倒角】按钮，在弹出的【倒角多边形】对话框中设定【高度】为"10mm"；【轮廓量】为"−24mm"。如图 2.48 所示。这样出现了门的凹凸造型效果。

（24）进户门材质。按下键盘的【M】键，在弹出的【材质】面板中选择一个空白材质球，命名为"进户门"，在【漫反射】级别上设定颜色，并赋予"进户门"，如图 2.49 所示。

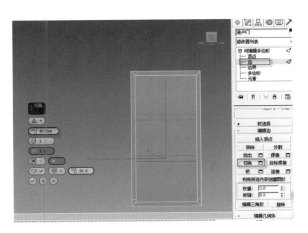

图 2.45　切角边

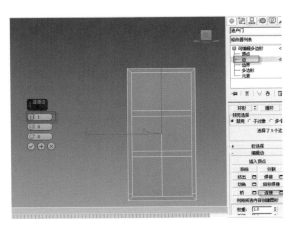

图 2.46　连接边

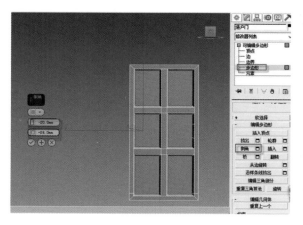

图 2.47　倒角多边形（1）

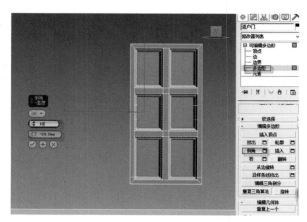

图 2.48　倒角多边形（2）

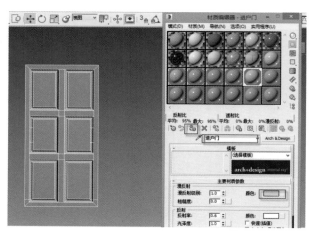

图 2.49　进户门材质

在 3ds Max 的可编辑多边形操作中，只有在"边界"次物体级下才能对子物体进行变换（移动、缩放、旋转）复制，从而形成新的面物体。

（25）建立门把手 1。在视图中创建一个圆，半径为 30mm，并挤出 20mm 的厚度，如图 2.50 所示。

（26）右击该对象，选择【转换为】→【转换为可编辑多边形】命令，选择一个正面并删除，如图 2.51 所示。

（27）单击对象，进入到"边界"次物体级，选择形成的开放边界，如图 2.52 所示。按下键盘上的【R】键并配合键盘上的【Shift】键进行缩放复制，大小如图 2.53 所示。

（28）保持"边界"次物体级不变，按下键盘上的【W】键并配合键盘上的

【Shift】键进行移动复制，长度如图 2.54 所示。按下键盘上的【R】键并配合键盘上的【Shift】键进行缩放复制，半径大小如图 2.55 所示。

（29）在"边界"次物体级下，按下键盘上的【W】键并配合键盘上的【Shift】键进行移动复制，长度如图 2.56 所示。

（30）保持"边界"次物体级不变，选择复制后的边界，单击【封口】按钮，将开放的边界封口成面，如图 2.57 所示。

（31）进入"边"次物体级，选择复制后的边，单击【循环】按钮，则将共面的边全选，点击【切角】按钮，在弹出的【切角边】对话框中，设置【切角量】为"7mm"，如图 2.58 所示。选择把手下面的边，再次进行切角，【切角量】为"12mm"，如图 2.59 所示。

（32）门把手材质。移动门把手至门上合适位置，按下键盘的【M】键，在弹出的【材质】面板中选择一个空白材质球，命名为"门把手"，在【漫反射】级别上设定颜色，并赋予"门把手"，如图 2.60 所示。

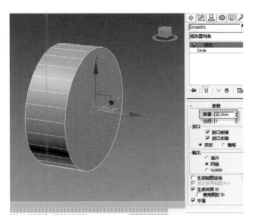

图 2.50　挤出面

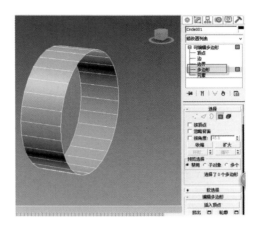

图 2.51　删除面

39

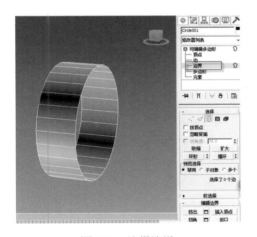

图 2.52　边界选择

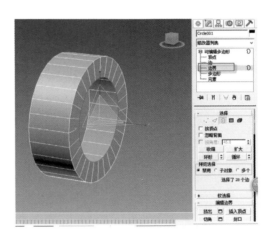

图 2.53　边界缩放

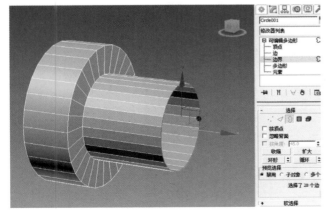

图 2.54　移动边界

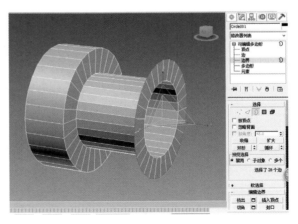

图 2.55　复制边界

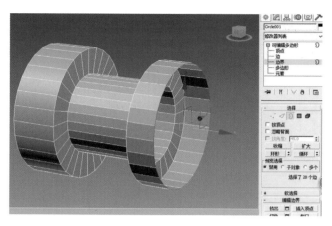

图 2.56　移动复制

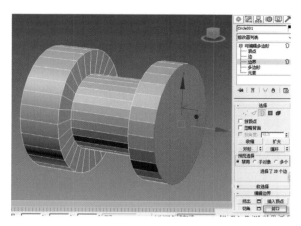

图 2.57　边界封口

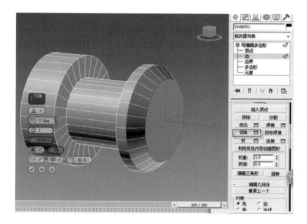

图 2.58　切角边（1）

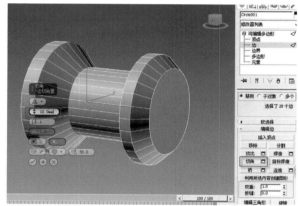

图 2.59　切角边（2）

门与门把手都从可编辑
多边形中分离出去形成
了单独的物体，完成后
需要对这些对象创建组，
并用中文的名称命名，便
于管理。

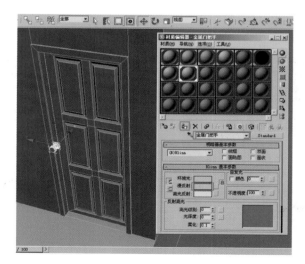

图 2.60　门把手材质

2.2.3 背景墙

客厅是家人休闲、亲朋好友相聚的场所，而目前大众家庭娱乐的手段主要是看电视、看家庭电影、唱卡拉 OK 等，于是，客厅的电视背景墙成了最吸引人们眼球的地方。事实上，在家装设计中，电视背景墙早已成了设计的焦点，也是一个体现主人个性的特殊空间。

背景墙也就是电视背景装饰墙，是居室装饰特别是大户型居室装饰的重点之一，在装修中占据相当重要的地位，背景墙通常是为了弥补客厅中电视机背景墙面的空旷而设计的，同时起到修饰客厅的作用。因为背景墙是家人目光注视最多的地方，长年累月地看也会让人厌烦，所以其装修就尤为讲究。

从楼梯间进入户内后，首先经过玄关过渡，然后转到客厅、餐厅，视线的焦点在电视背景墙处达到高潮，在家装设计之中，都将背景墙的设计作为最大亮点。背景墙的设计，是整个方案的关键，所以在设计效果图时，此处的表现最关键。

（1）建立背景墙 1。单击对象，在【修改】面板中进入"边"次物体级，选择相邻两条边，选择【编辑边】卷展栏，单击【连接】按钮，将原来的一个面连接成八个面；进入到"多边形"次物体级，选择连接后的八个面，选择【编辑多边形】卷展栏，单击【插入】按钮，在弹出的【插入多边形】中设置【插入类型】为"按多边形"，【插入量】为"10mm"，如图 2.61 所示。这样就形成了木板间的缝隙。

（2）建立背景墙 2。进入"多边形"次物体级，选择多边形，选择【编辑多边形】卷展栏，单击【挤出】按钮，在弹出的【挤出多边形】对话框中设置【挤出高度】为"60mm"，如图 2.62 所示。

（3）建立背景墙 3。进入"多边形"次物体级，选择挤出后的所有面，单击【分离】按钮，在弹出的【分离】对话框中设定【分离为】为"背景墙造型 1"，如图 2.63 所示。

（4）建立背景墙 4。调整视图到合适位置，进入"边"次物体级，选择相邻两条边，选择【编辑边】卷展栏，单击【连接】按钮，在弹出的【连接边】对话框中设定【分段】为"24"，如图 2.64 所示。

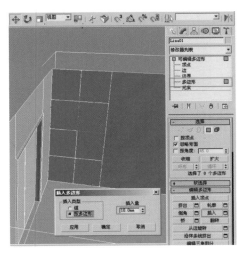

图 2.61 插入多边形

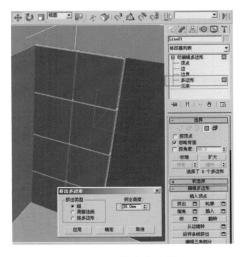

图 2.62 挤出多边形

（5）建立背景墙5。进入"多边形"次物体级，选择间隔的多边形，单击【挤出】，在弹出的【挤出多边形】对话框中，设置【挤出量】为"50mm"；选择连接后的所有面，单击【分离】按钮，在弹出的【分离】对话框中设定【分离为】为"背景墙造型2"，如图2.65所示。并将中间剩余部分墙体分离为"背景墙造型3"。

（6）背景墙材质1。选择"背景墙造型1"，按下键盘的【M】键，在弹出

的【材质】面板中选择一个空白材质球，命名为"背景墙造型1"，在【漫反射】级别上设定颜色，并赋予"背景墙造型1"，如图2.66所示。

（7）背景墙材质2。选择"背景墙造型2"，按下键盘的【M】键，在弹出的【材质】面板中选择一个空白材质球，命名为"背景墙造型2"，在【漫反射】级别上设定颜色，并赋予"背景墙造型2"，如图2.67所示。

在 3ds Max 中的可编辑多边形的多边形次物体级下，经常将需要再编辑的子对象分离出去，方便建模。

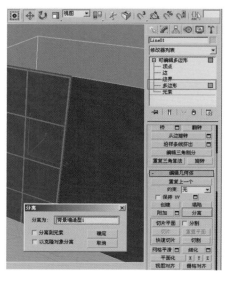

图 2.63　分离

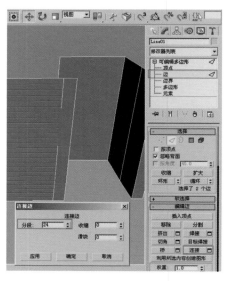

图 2.64　连接边

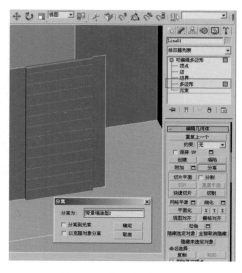

图 2.65　分离多边形

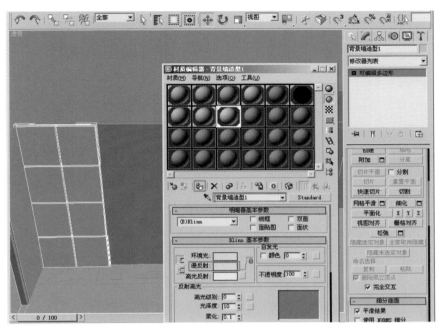

图 2.66 材质（1）

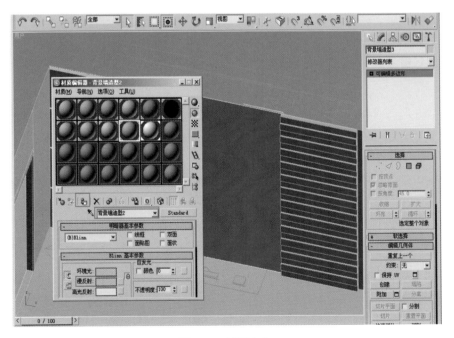

图 2.67 材质（2）

2.2.4 天花吊顶

不少家庭房间装饰已毕，家具华贵，地面考究，就连一瓶花都费尽心思，然而，仰头一望，平白一面，几点灯缀，其单调让人不免生出几许遗憾。随着人们生活水平的提高，对吊顶的装饰作用日渐重视起来。在注重细节的今天，吊顶有了全新的形象，已经从遮挡设备层、设置灯饰上升到审美的高度。人们认识到，吊顶是私密空间的一片天空，对房间的影响非常大，也能够很大程度上左右人的心境。于是，怎样装饰一方非常出彩的吊顶也成为装饰中的重头戏。

不同房间装吊顶的要求也不相同，面积大的房间可以选择各种形状的板材进行图案搭配，但无论哪种形状，都是通过色彩的选择和变化来渲染气氛的。面积小的房间可以利用纹理变化来区别空间。人们往往认为图案色彩可以表达个性，随心选择就能达到效果，其实不然，选择时千万不要任性而为，因为人的心情是会变的，吊顶却不容易更换，情绪化的选择是不明智的，一定要选择那些材质和样式都经得

住时间考验的。

本例中吊顶的材质采用木龙骨石膏板，整体向下挤出以区分客厅与餐厅的空间，然后局部向内凹进，强调光影效果，具体建模操作如下。

（1）天花吊顶 1。切换至正视图中，进入"边"次物体级，选择间隔的多边形，单击【连接】，在弹出的【连接边】对话框中，设置【分段】为"4"，如图 2.68 所示。

（2）天花吊顶 2。保持"边"次物体级不变，选择连接后的边，单击【切角】，在弹出的【切角边】对话框中，设置【切角量】为"10mm"，如图 2.69 所示。

（3）天花吊顶 3。进入"多边形"次物体级，选择切角后的多边形，单击【插入】，在弹出的【插入边】对话框中，设置【插入量】为"80mm"，如图 2.70 所示。

（4）天花吊顶 4。调整视图到合适位置，单击对象，进入"多边形"次物体级，选择多边形。单击【挤出】按钮，在弹出的【挤出多边形】对话框中设置【挤出高度】为"−145mm"，如图 2.71 所示。

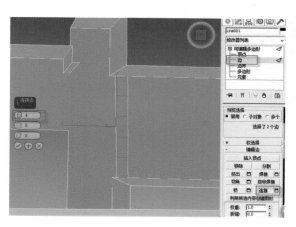

图 2.68　连接边

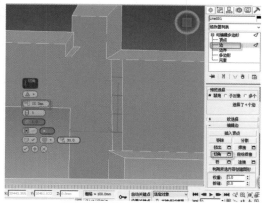

图 2.69　切角边

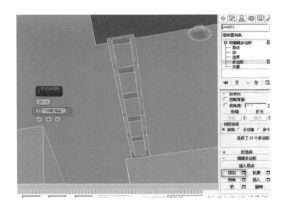

图 2.70 插入多边形　　　　　图 2.71 挤出多边形（1）

在 3ds Max 中调整视图时，因为天花吊顶是室内场景对象，所以外观调整上很烦琐，不易看到内部造型，在遇到此种情况时，可以通过创建一个摄影机，调整摄影机的目标点以调整视图到合适的位置。

（5）天花吊顶 5。保持"多边形"次物体级，选择多边形。单击【挤出】按钮，在弹出的【挤出多边形】对话框中设置【挤出高度】为"-80mm"，如图 2.72 所示。

（6）天花吊顶材质。在"多边形"次物体级下，选择多边形，按下键盘的【M】键，在弹出的【材质】面板中选择一个空白材质球，命名为"灯片（自发光）"，在【漫反射】级别上设定颜色；在【自发光】选项面板中设置自发光参数为"44"，并赋予"灯片（自发光）"。为其他挤出多边形赋予天花材质，如图 2.73 所示。

2.2.5　室外阳台

一般来说，室内效果图的制作不涉及阳台，但是本例采用阳光表现，需要设计窗外的真实场景，所以必须建立室外阳台的模型。具体操作如下。

（1）阳台制作 1。利用【线】工具绘制阳台轮廓线。在【修改】面板中进入【样条线】次物体级，单击【轮廓】按钮，在曲线上拖动光标偏移成如图 2.74 所示的图形。

（2）阳台制作 2。单击所绘制出的阳台轮廓线，选择【修改】面板中的【挤出】命令，设置【挤出高度】为"200mm"。选择对象，使用组合键【Alt】+【Q】进行孤立模式显示，如图 2.76 所示，以便更好地编辑。

（3）阳台制作 3。右击挤出对象，选择【转换为】→【转换为可编辑多边形】

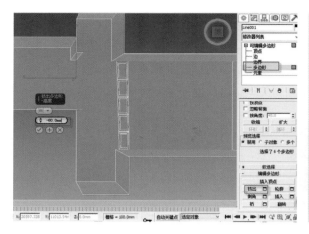

图 2.72　挤出多边形（2）　　　　　　　　　　　　图 2.73　天花吊顶材质

若不能用一条直线完成，选择【附加】按钮进行加选，使其变成一个对象。利用【焊接】工具将对象变成一条直线，如图 2.75 所示。

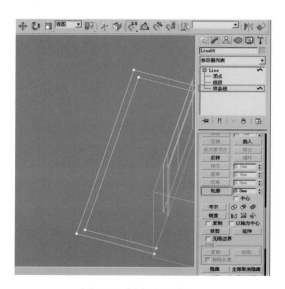

图 2.74　样条线轮廓

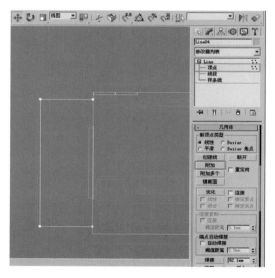

图 2.75　绘制阳台轮廓线

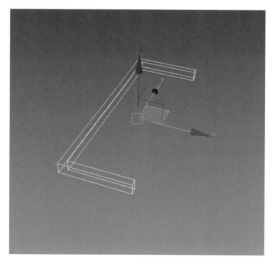

图 2.76　面挤出

命令，进入"边"次物体级，选择【编辑边】卷展栏，单击【连接】按钮，在弹出的【连接边】对话框中设置【分段】为"1"，如图 2.77 所示。

（4）阳台制作 4。进入【多边形】次物体级，选择【编辑多边形】卷展栏，选择多边形，单击【挤出】按钮，挤出的高度与阳台的轮廓宽度重合，如图 2.78 所示。

（5）栏杆的制作 1。打开配套资源中的"阳台详图"文件，如图 2.79 所示。

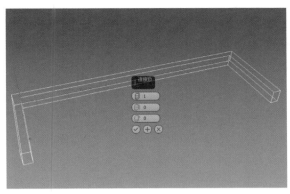

图 2.77　连接边

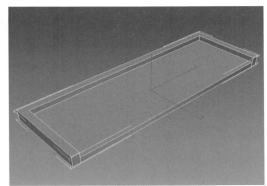

图 2.78　挤出多边形

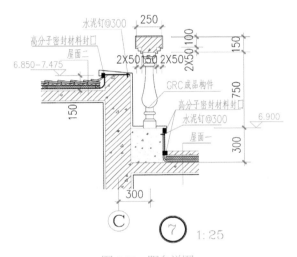

图 2.79　阳台详图

精简图形，将阳台栏杆轮廓线导入到 3ds Max 中进一步操作。

（6）栏杆的制作 2。利用【线】工具参照导入的阳台详图绘制出栏杆及扶手轮廓，如图 2.80 所示。并调整其至合适位置。

（7）栏杆的制作 3。选择栏杆轮廓线，进入到【修改】面板中，增加"车削"修改器，如图 2.81 所示。

（8）栏杆的制作 4。选择阳台，进入到"边"次物体级，选择外侧的轮廓线，单击【利用所选内容创建图形】按钮，在弹出的【创建图形】对话框中设置【曲线名】为"路径"，在【图形类型】中选择"线性"选项，如图 2.82 所示。

（9）复制栏杆。选择栏杆对象，使用组合键【Shift】+【I】键，弹出【间隔工具】对话框，单击【拾取路径】按钮，选择上一步完成的路径，如图 2.83 所示。调整栏杆的数量如图 2.84 所示。

（10）制作扶手。选择作为扶手路径的曲线，然后进入到【创建】面板的【复合对象】类别，单击【放样】按钮，使用【放样】工具生成扶手。在【创建方法】卷展栏中单击【获取图形】按钮，选择图中作为扶手截图的曲线，完成后如图 2.85 所示。

（11）阳台材质。选择整个阳台，按下键盘的【M】键，在弹出的【材质编辑器】面板中新建一个"阳台"材质，并赋予相应对象，如图 2.86 所示。

此时，建模就全部完成了，效果如图 2.87 所示。室内的家具、灯具、小装饰品一般用【合并】工具加入到场景中，后面会有介绍。

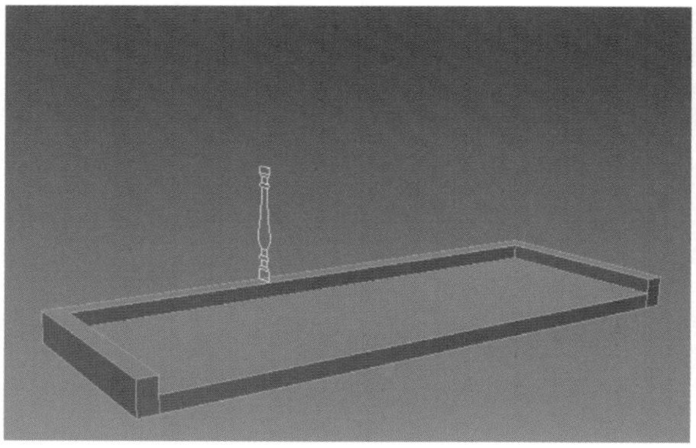

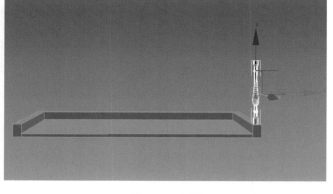

图 2.80 绘制轮廓

图 2.81 车削

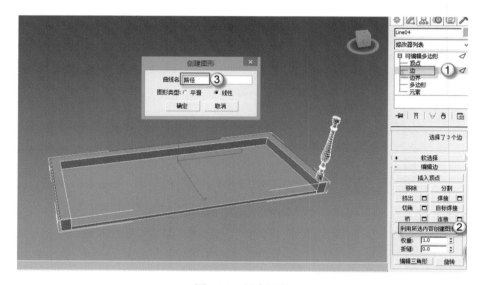

图 2.82 创建图形

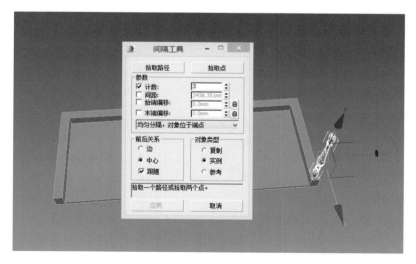

图 2.83 间隔工具

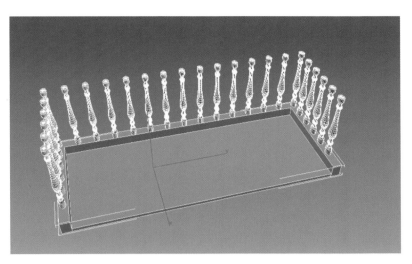

图 2.84 栏杆数量

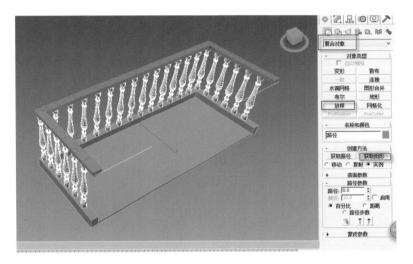

图 2.85 制作扶手

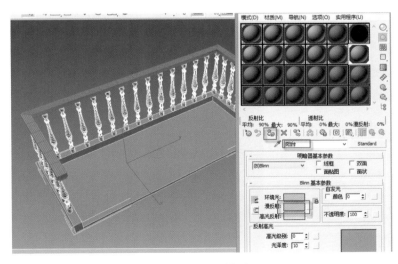

图 2.86 阳台材质

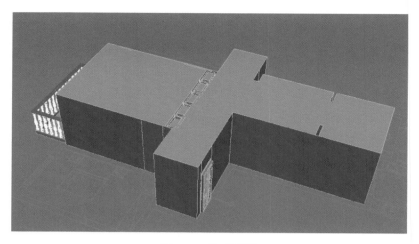

图 2.87　完成建模

2.3　模型的调整

在模型大致建完之后，需要对模型进行一定的调整，主要是需要加入家具。在建模时一般不需要建家具，因为家具有模型成品，而且各大家具厂家，如宜家（IEKA）等会在网上及时更新模型库。检查模型无误后，需要设置摄影机，本例使用 VR- 物理摄影机。

2.3.1　合并家具

在配套资源中提供了本例使用到的家具模型，读者只需要将其合并即可使用，而且家具都已经设置好材质，具体操作如下。

（1）导入电视组合柜。单击【文件】→【导入】→【合并】命令，找到"电视组合柜"模型文件，如图 2.88 所示。调整导入后的电视组合柜到指定位置，如图 2.89 所示。

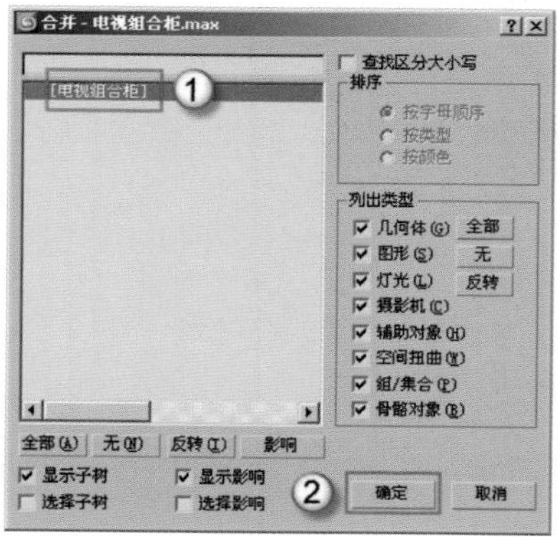

图 2.88　导入电视组合柜

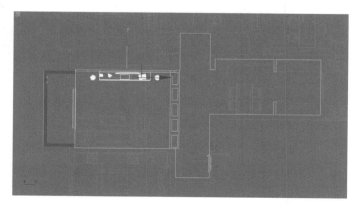

图 2.89　调整电视组合柜的位置

（2）导入吊灯。单击【文件】→【导入】→【合并】命令，找到"吊灯"模型文件，如图 2.90 所示。调整导入后的吊灯到指定位置，如图 2.91 所示。

（3）导入组合沙发。单击【文件】→【导入】→【合并】命令，找到"组合沙发"模型文件，如图 2.92 所示。调整导入后的组合沙发到指定位置，如图2.93 所示。

（4）导入装饰画。单击【文件】→【导入】→【合并】命令，找到"装饰画"模型文件，如图 2.94 所示。调整导入后的装饰画到指定位置，如图 2.95 所示。

图 2.90　导入吊灯

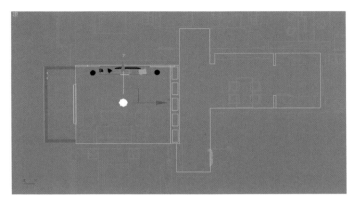

图 2.91　调整吊灯位置

图 2.92　导入组合沙发

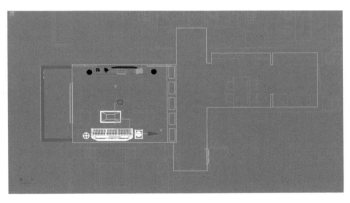

图 2.93　调整组合沙发位置

图 2.94　导入装饰画

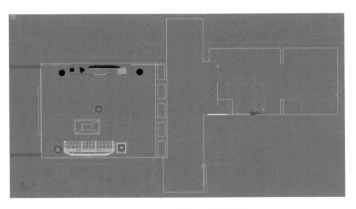

图 2.95　调整装饰画的位置

2.3.2 设置 VR- 物理摄影机

在使用 V-Ray 绘制效果图时，一般会用到两种摄影机，一种是 VR- 物理摄影机，一种是 3ds Max 自带的摄影机，本例使用 VR- 物理摄影机。

（1）打开 VR- 摄影机。单击【创建】→【摄影机】→【VRay】→【VR- 物理摄影机】命令，在【类型】中选择"VR-

VR- 物理摄影机中的光圈数、快门速度、胶片速度这三个参数与现实 135 单反摄影机一致，具体可以参看相关书籍。

物理摄影机"。

（2）放置摄影机。在模型顶视图中放置摄影机，并在其他视图中调整摄影机到适当位置，使镜头拥有合适的视角，如图 2.96 所示。

（3）设置 VR- 物理摄影机参数。单击【修改】命令，进入 VR- 物理摄影机修改界面，设置摄影机参数，如图 2.97 所示。

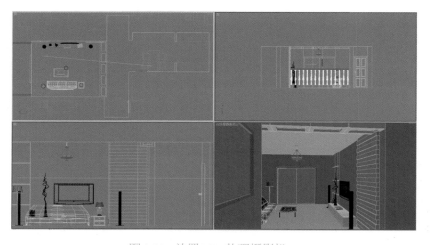

图 2.96　放置 VR- 物理摄影机

图 2.97　设置 VR- 物理摄影机参数

2.4　渲　染

本节中将介绍如何设置相应的灯光，由于使用了 VR- 物理摄影机，因此需要使用与之对应的 VR 阳光系统。在阳光设置之后，还需要对场景中的常用材质进行设置，V-Ray 的材质有一定的固定模式，变化并不多，比较容易掌握。

2.4.1　阳光系统

VR 阳光系统是模拟真实阳光的计算方法，照度比较大，需要配合 VR- 物理摄影机才能正常使用，具体操作如下。

（1）创建阳光。单击【创建】→【灯光】→【VRay】→【VR 阳光】命令，如图 2.98 所示，并在弹出的询问"你想自动添加 VRay 天光环境贴图吗"的对话框中选择【是】。

（2）放置阳光。在模型顶视图中适当位置放置阳光，再在其他视图中调整阳光到适当位置，使模型拥有最好的照明效果，如图 2.99 所示。

（3）设置阳光材质。按下【8】

键，打开【环境和效果】窗口，单击【环境】命令，勾选"使用贴图"，单击【M】键，打开材质编辑窗口，单击空白材质球，将【环境和效果】窗口中的"DefaultVRaySky（VR天光）"材质拖入材质球中，如图 2.100 所示。

（4）设置阳光参数。在未关闭材质编辑窗口的情况下，勾选"指定太阳节点"，单击【无】命令，再点中阳光，即出现"VR-太阳 001"选项，如图 2.101 所示。

（5）选择渲染器。按下键盘【F10】

键，弹出【渲染设置】对话框，在菜单栏中选择【公用】选项卡，打开其下拉菜单中的【指定渲染器】卷展栏，单击【产品级】后的【…】按钮，在弹出的【选择渲染器】对话框中，选择"V-Ray Adv 3.00.07"，单击【确定】按钮退出，如图 2.102 所示。

（6）设置 V-Ray 参数。按下【F10】键打开【渲染设置】对话框，单击【V-Ray】选项卡，在【全局开关】卷展栏中取消"隐藏灯光"的勾选，在【图像采样器（抗锯

图 2.98　创建阳光

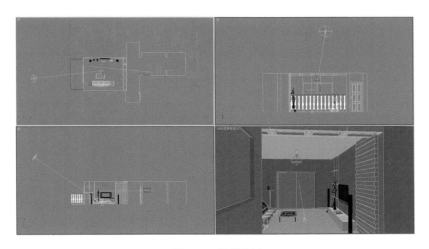

图 2.99　放置阳光

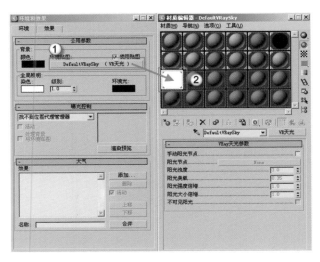

图 2.100　设置阳光材质

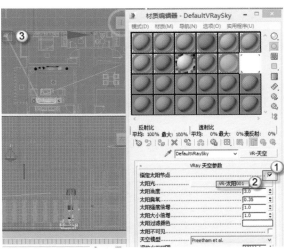

图 2.101　设置阳光参数

图 2.102 选择渲染器

齿）】卷展栏中设置【类型】为"固定"，并取消勾选"图像过滤器"，具体数据如图 2.103 所示。

（7）设置 GI 参数。单击【GI】选项卡，在【全局照明】卷展栏中勾选"启用全局照明"，【首次引擎】栏设置为"发光图"，【二次引擎】栏设置为"灯光缓存"，在【发光图】卷展栏中，【最小速率】栏输入"-4"

个单位，【最大速率】栏输入"-3"个单位，【细分】栏输入"20"个单位，【插值采样】栏输入"15"个单位，【颜色阈值】栏输入"0.4"个单位，【法线阈值】栏输入"0.3"个单位，在【灯光缓存】卷展栏中，【细分】栏输入"300"个单位，【采样大小】栏输入"0.01"个单位，如图 2.104 所示。

（8）加入反射、折射环境贴图。单击【8】键，在弹出的【环境和效果】对话框中，将"DefaultVRaySky（VR-天空）"环境贴图拖曳入【渲染设置】对话框中相应位置，如图 2.105 所示。

（9）测试渲染。按下【M】键，打开材质编辑窗口，选择空白材质球，命名为"测试"材质，单击【漫反射】旁边的颜色框，再将【红】、【绿】、【蓝】三种颜色的数值全设为"220"，单击【确定】按钮。按下【F10】键，在弹出的【渲染设置】对话框中打开【全局开关】卷展栏，勾选"覆盖材质"选项，并将"测试"材质球拖曳至如图 2.106 所示的位置。

图 2.103 设置渲染参数（1）

图 2.104 设置渲染参数（2）

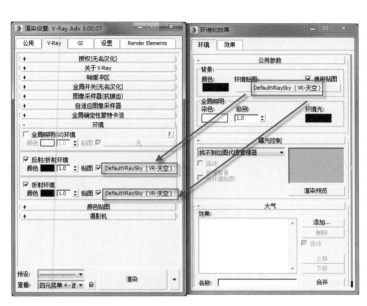

图 2.105　拖曳环境贴图参数

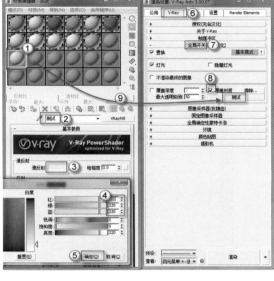

图 2.106　设置测试材质

（10）测试渲染效果图。按下【F9】键，对场景进行渲染，渲染完成后如图 2.107 所示。

（11）放置灯光。单击【创建】→【灯光】→【VRay】→【VR- 灯光】命令，如图 2.108 所示。单击【修改】→【灯光】命令，如图 2.109 所示，设置灯光参数，

并放置灯光。渲染效果如图 2.110 所示。

2.4.2　室内补光

设置完阳光之后，室内还不够亮，特别是远离阳光入口的位置很暗，需要增加其他 VR 灯光进行补光处理，具体操作如下。

图 2.107　测试渲染效果图

图 2.108　创建灯光

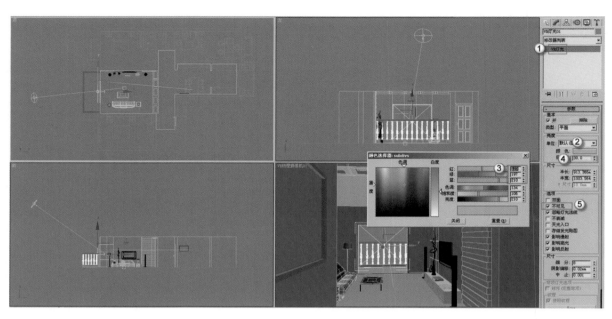

图 2.109　修改灯光

图 2.110　测试渲染效果图

（1）放置灯光 1。单击【创建】→【灯光】→【VRay】→【VR- 灯光】命令，选择【类型】为"穹顶"，如图 2.111 所示。单击【修改】→【灯光】，如图 2.112 所示，设置灯光参数，并放置灯光。

（2）放置灯光 2。单击【创建】→【灯光】→【VRay】→【VR- 灯光】命令，选择【类型】为"平面"，三个灯光的倍增分别是 200、300、200，如图 2.113 所示。效果如图 2.114 所示。

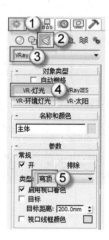

图 2.111　创建灯光

图 2.112　放置灯光

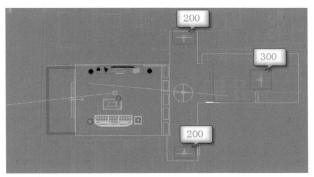

图 2.113　放置灯光

图 2.114　测试渲染效果图

2.4.3　主要材质

材质的设置在效果图制作中至关重要，在设计过程中模型的质地和特征都是通过材质来反映的。在设置材质时，还应考虑到阳光、天光、灯光、环境等因素，所以材质的设置是一个综合而复杂的过程。具体操作如下。

（1）墙面材质。单击【M】键打开材质编辑窗口，单击"墙面"材质球，赋予"VRayMtl"材质，如图 2.115 所示，并在【漫反射】区域编辑材质颜色，如图 2.116 所示。

（2）编辑地面材质 1。单击【M】键打开材质编辑窗口，单击"地面"材质球，赋予"VRayMtl"材质，由于地面需要赋予贴图材质，故在【漫反射】区域给予"位图"，如图 2.117 所示，并在配套资源中选择"木地板 .jpg"作为地面材质，单击【视口中显示明暗处理材质】→【转到父对象】键，如图 2.118 所示，再单击地面，给予"UVW 贴图"，如图 2.119 所示。

（3）编辑地面材质 2。单击【M】键打开材质编辑窗口，在"地面"材质球【贴图】栏中，将【漫射】的地板材质拖至【凹凸】中，赋予凹凸材质，如图 2.120 所示。

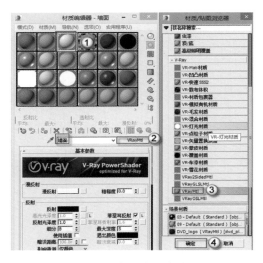

图 2.115　编辑墙面材质

图 2.116　编辑墙面材质颜色

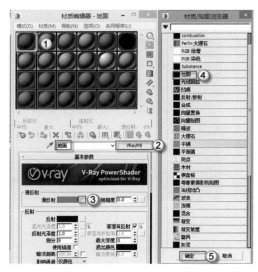

图 2.117　编辑地面材质

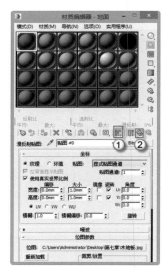

图 2.118　编辑贴图

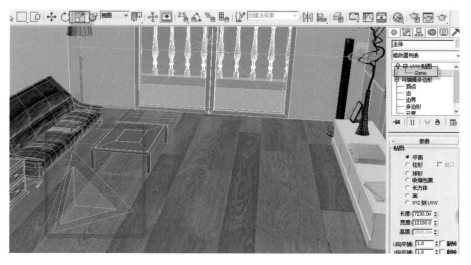

图 2.119　UVW 贴图修改

（4）编辑地面材质 3。单击【M】键打开材质编辑窗口，在"地面"材质球中编辑材质基本参数，将【反射】中的颜色数值全输入"11"个单位，在【细分】中输入"10"个单位，并勾选"菲涅耳反射"，如图 2.121、图 2.122 所示。地面材质球效果，如图 2.123 所示。

（5）编辑玻璃门材质 1。单击【M】键打开材质编辑窗口，单击"门"材质球，赋予"VRayMtl"材质，并在【漫反射】

中修改材质颜色，在【红】、【绿】、【蓝】参数处输入"200"个单位，如图 2.124 所示。

（6）编辑玻璃门材质 2。单击【M】键打开材质编辑窗口，单击"门"材质球，在【折射】栏的【光泽度】中输入"1.0"个单位，【细分】栏中输入"20"个单位，并勾选"影响阴影"和"影响 Alpha"，如图 2.125 所示。

（7）编辑门套材质。单击【M】键

图 2.121　编辑地面基本材质参数

图 2.120　赋予地板凹凸材质

图 2.122　编辑材质颜色

图 2.123　地面材质球效果图

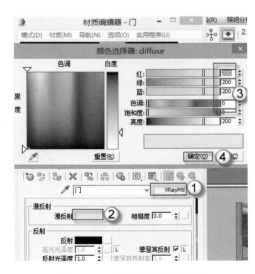

图 2.124　编辑玻璃材质颜色

打开材质编辑窗口，单击"门套"材质球，赋予"VRayMtl"材质，并修改【漫反射】，如图 2.126 所示。

（8）编辑背景墙墙纸材质 1。单击【M】键打开材质编辑窗口，单击"背景墙造型 3"材质球，赋予"VRayMtl"材质，在【漫射中】给予"位图"材质，附上配套资源中"墙纸.jpg"所示材质，修改【反射】颜色，【高光光泽度】栏输入"0.7"个单位，【反射光泽度】栏输入"0.7"个单位，【细分】栏输入"10"个单位，【菲涅耳折射率】栏输入"2"个单位，如图2.127所示。

（9）编辑背景墙墙纸材质 2。在"多边形"次物体级下单击"背景墙造型 3"，赋予其"UVW 贴图"，【贴图】栏选择"长方体"，取消勾选"真实世界大小"，分别在【U 向平铺】和【V 向平铺】中输入"4"个单位，如图 2.128 所示。

（10）编辑进户门材质。单击【M】键打开材质编辑窗口，单击"进户门"材质球，赋予"VRayMtl"材质，在【漫反射】

中给予"位图"材质，附上配套资源中"木纹.jpg"所示材质，修改【反射】颜色，【高光光泽度】栏输入"0.7"个单位，【反射光泽度】栏输入"0.7"个单位，【细分】栏输入"10"个单位，【菲涅耳折射率】栏输入"2"个单位，如图 2.129 所示。

（11）编辑天花材质。进入【多边形】次物体级，多选上天花板，如图 2.130 所示，单击【M】键打开材质编辑器，赋予"VR-灯光材质"，光强为"100"个单位，命名为"自发光"，再将材质赋予指定对象，如图 2.131 所示。

（12）编辑装饰画材质。进入"多边形"次物体级，选择装饰画，单击【M】键打开材质编辑窗口，选择空白材质球，命名为"装饰画"，赋予"VRayMtl"材质，在【漫反射】中给予"位图"材质，附上配套资源中"装饰画.jpg"所示材质，修改【反射】颜色，【高光光泽度】栏输入"0.7"个单位，【反射光泽度】栏输入"0.7"个单位，【细分】栏输入"10"个单位，【菲涅耳折射率】栏输入"2"个单位，

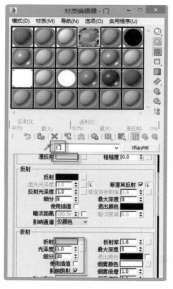

图 2.125　修改折射参数

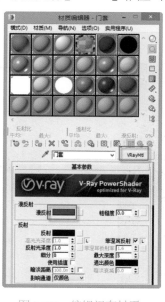

图 2.126　编辑门套材质

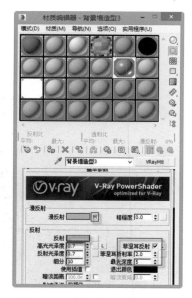

图 2.127　编辑背景墙材质参数

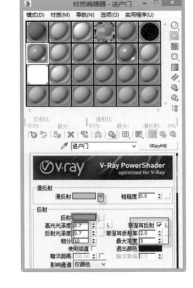

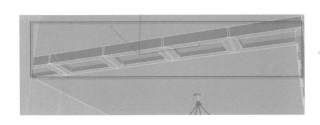

图 2.128　编辑 UVW 贴图　　　　　图 2.129　编辑进户门材质参数　　　　　　图 2.130　多选天花板

如图 2.132 所示。

（13）编辑电视机材质。进入"多边形"次物体级，选择电视机屏幕，单击【M】键打开材质编辑窗口，选择空白材质球，命名为"电视机"，赋予"VRayMtl"材质，在【漫反射】中给予"位图"材质，附上配套资源中"电视屏幕 .jpg"所示材质，修改【反射】颜色，【高光光泽度】栏输入"0.7"个单位，【反射光泽度】栏输入"0.7"个单位，【细分】栏输入"10"个单位，【菲涅耳折射率】栏输入"2"个单位，如图 2.133 所示。并在【贴图】栏中赋予电视机屏幕"自发光"材质，如图 2.134 所示，赋予其"UVW贴图"，取消勾选"真实世界大小"，单击【Gizmo】，均匀缩放至合适大小，如图 2.135 所示。

（14）编辑沙发材质。解组组合沙发，

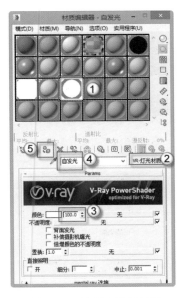

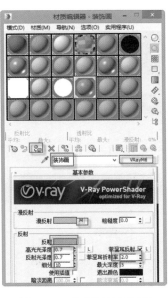

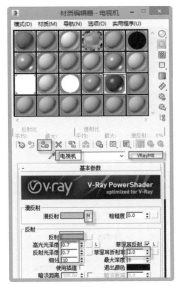

图 2.131　编辑自发光材质　　　　　图 2.132　编辑装饰画材质　　　　　图 2.133　编辑电视机材质

选择沙发，单击【M】键打开材质编辑窗口，选择空白材质球，命名为"沙发"，赋予"VRayMtl"材质，在【漫反射】中给予"位图"材质，附上配套资源中"皮革凹凸.jpg"所示材质，如图 2.136 所示。

（15）编辑书封面材质。选择书本 1，单击【M】键打开材质编辑窗口，选择空白材质球，命名为"书1"，赋予"VRayMtl"材质，在【漫反射】中给予"位图"材质，附上配套资源中"封面.jpg"所示材质，如图 2.137 所示。并依次为书本 2、书本 3 编辑材质。

（16）编辑相框材质。选择相框屏幕，单击【M】键打开材质编辑窗口，选择空白材质球，命名为"照片"，赋予"VRayMtl"材质，在【漫反射】中给予"位图"材质，附上配套资源中"照片.jpg"所示材质，如图 2.138 所示。

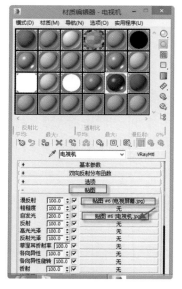

图 2.134　赋予电视机自发光材质

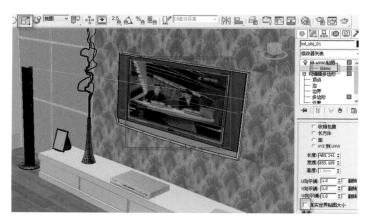

图 2.135　缩放电视贴图

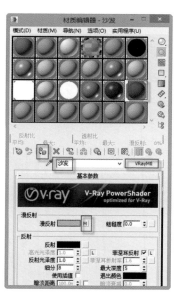

图 2.136　编辑沙发材质

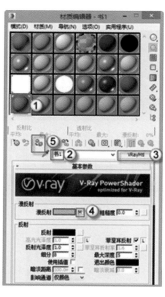

图 2.137　编辑书材质

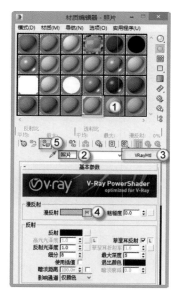

图 2.138　编辑相框材质

2.4.4　再次渲染

此处就要输出正式效果图了，需要使用渲染正图的参数，这个参数级别比较高，渲染速度慢，但是效果图的品质比较好。具体操作如下。

（1）图像采样器（抗锯齿）参数。按下【F10】键打开【渲染设置】对话框，单击【V-Ray】选项卡，在【图像采样器（抗锯齿）】卷展栏中，【类型】栏设置"自适应"，如图 2.139 所示。

（2）全局确定性蒙特卡洛参数。按下【F10】键打开【渲染设置】对话框，单击【V-Ray】选项卡，在【全局确定性蒙特卡洛】卷展栏中，【噪波阈值】栏输入"0.001"个单位，【全局细分倍增】栏输入"1"个单位，【最小采样】栏输入"15"个单位，如图 2.140 所示。

（3）颜色贴图参数。按下【F10】键打开【渲染设置】对话框，单击【V-Ray】选项卡，在【颜色贴图】卷展栏中，【暗度倍增】栏输入"1.7"个单位，如图 2.141

所示。

（4）发光图参数。按下【F10】键打开【渲染设置】对话框，单击【V-Ray】选项卡，在【发光图】卷展栏中，【最小速率】栏输入"–3"个单位，【最大速率】栏输入"–1"个单位，【细分】栏输入"50"个单位，【插值采样】栏输入"35"个单位，【颜色阈值】栏输入"0.4"个单位，【法线阈值】栏输入"0.2"个单位，如图 2.142 所示。

（5）灯光缓存参数。按下【F10】键打开【渲染设置】对话框，单击【V-Ray】选项卡，在【灯光缓存】卷展栏中，【细分】栏输入"1000"个单位。【采样大小】栏输入"0.02"个单位，如图 2.143 所示。

（6）再次渲染。单击【F10】键打开渲染窗口，在【全局开关】中取消【覆盖材质】的勾选，如图 2.144 所示，单击【F9】渲染，如图 2.145 所示。

（7）保存图像。单击【保存图像】按钮，在弹出的【保存图像】对话框中，

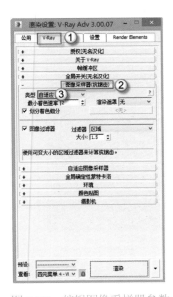

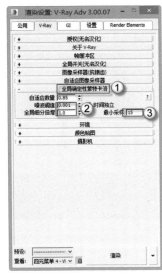

图 2.139　编辑图像采样器参数　　　图 2.140　编辑全局确定性蒙特卡洛参数　　　图 2.141　编辑颜色贴图参数

图 2.142　编辑发光图参数

图 2.143　编辑灯光缓存参数

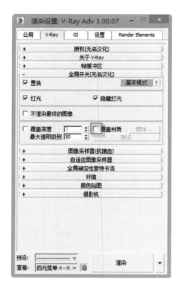

图 2.144　取消勾选覆盖材质

在【文件名】栏输入需要保存的名称，在【保存类型】中选择"TIF 图像文件（*.tif，*.tiff）"，单击【设置】按钮，在弹出的【TIF 图像控制】对话框中勾选【存储 Alpha 通道】选项，单击【确定】按钮，单击【保存】按钮保存图像文件，如图 2.146 所示。

图 2.145　再次渲染效果图

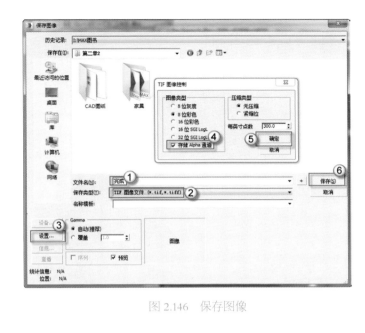

图 2.146　保存图像

第 3 章
富丽堂皇
——复式住宅室内表现

本章以一户高档的复式住宅为例，介绍室内效果图的制作。在本例中，灯光以 V-Ray 的平板灯光为主，局部点缀 V-Ray 的 IES 灯光，摄影机采用 3ds Max 自带的摄影机，这样输出的效果图比 V-Ray 阳光系统要柔和一些。

3.1 复式住宅室内效果图测试渲染

渲染分为正式渲染与测试渲染两个部分。测试渲染主要是判断灯光的亮度如何，不需要设定相应的材质。测试渲染的参数为低级别参数，渲染的品质不高，但是渲染速度比较快，可以进行反复的推敲，主要针对灯光系统。

3.1.1 设置效果图摄影机

摄影机的设置应以美学原则为依据，尽可能在观察范围之内容纳更多的细节对象。根据室内场景的特点，可以使用广角镜头，具体操作如下。

（1）新建摄影机。单击【创建】→【摄影机】→【标准】→【目标】命令，在【备用镜头】栏中选择"24mm"镜头，在顶视图中放置摄影机的机身与目标点，如图 3.1 所示。

注意：摄影机视角即为最终渲染的效果图视角，摄影机宜在与地面水平、竖直方向居中的位置设置。

（2）选择摄影机。单击【选择过滤器】中的"C- 摄影机"选项，如图 3.2 所示。在前视图中选择摄影机与目标点，按下键盘【W】键，对摄影机的位置进行调节，如图 3.3 所示。

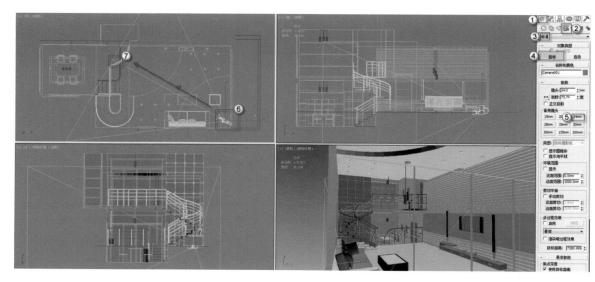

图 3.1　设置摄影机

在【选择过滤器】中选择了"C-摄影机"选项后，在场景中就只能选择摄影机，而不能选择其他对象了。

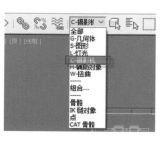

图 3.2　选择过滤器

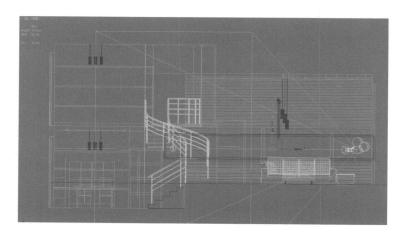

图 3.3　移动摄影机

（3）摄影机视图。调整好摄影机的位置后，按下【C】键，切换到摄影机视图，如图 3.4 所示。注意摄影机视图应显示室内装饰的主要内容。

3.1.2　效果图布灯

本例中的灯光主要采用 V-Ray 灯光系统中的矩形光（也叫平板光），在室内效果图制作过程中，矩形光最常用，具体操作如下。

（1）设置指定渲染器。打开已经建立好的模型，按下键盘【F10】键，进入渲染参数设置，单击【产品级】后的【…】按钮，弹出【选择渲染器】对话框，选择"V-Ray Adv 3.00.07"渲染器，单击【确定】按钮退出，如图 3.5 所示。

（2）设置灯光类型，单击界面右侧菜单栏的【创建】→【灯光】按钮，在灯光下拉菜单栏中选择"VRay"选项，单击【VR-灯光】按钮。

（3）在玻璃处布置灯光。本实例有一处玻璃与摄影机在同一侧，应将灯光布置在玻璃内侧摄影机后方，以免影响灯光的入射，将视图切换到右视图，单击选择【VR-灯光】命令，绘制一个矩形灯光，如图 3.6 所示。将视图切换到顶视图，按下键盘【W】键，移动灯光到相应的位置，如图 3.7 所示。

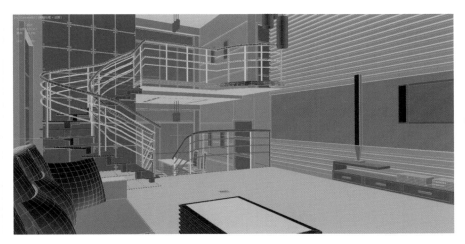

图 3.4　摄影机视图

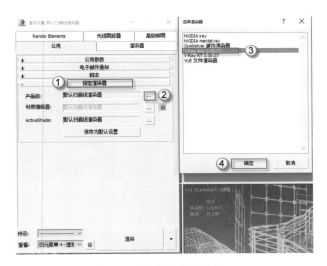

图 3.5　设置指定渲染器

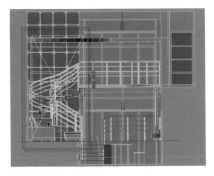

图 3.6　设置玻璃

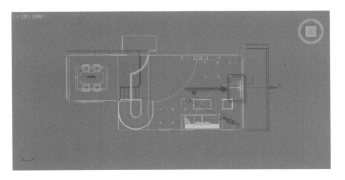

图 3.7　移动灯光

（4）由于实例中玻璃的面积过大，宜设置两盏灯光，按下键盘【W】键，配合键盘【Shift】键，将已经绘制好的灯光拖动到相应位置，放置好灯光后会弹出一个【克隆选项】的对话框，选择"实例"选项，单击【确定】按钮退出，如图 3.8 所示。

（5）设置灯光参数，打开右侧菜单栏，单击【修改】按钮，进入 VR-灯光修改面板，在【强度】一栏中将【倍增】值设置为"1"

个单位，将【颜色】设置为白色，如图 3.9 所示。

（6）布置另一侧玻璃处的灯光。将视图切换至左视图，选择一个矩形灯光，复制矩形灯光到另一侧，如图 3.10 所示。

（7）绘制辅助灯光。首先布置天花板上的灯光，将视图切换至顶视图，单击【VR-灯光】命令，在场景中天花板处对应灯光的位置绘制矩形的 VR-灯光，如图 3.11 所示。

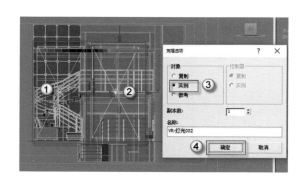

图 3.8　设置灯光

图 3.9　灯光设置

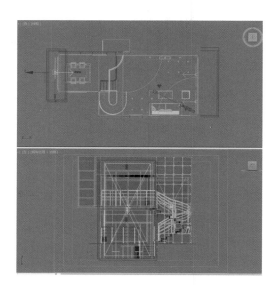

图 3.10　绘制灯光

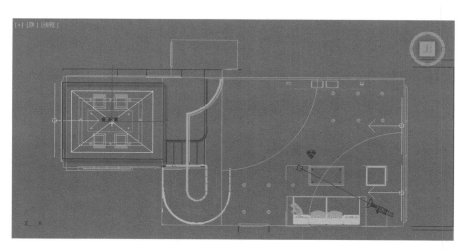

图 3.11　绘制辅助灯光

（8）移动辅助灯光。将视图切换至前视图，按下键盘【W】键，在竖直方向移动灯光至二层天花板下灯光对应的位置，如图 3.12 所示。

（9）复制一层天花板灯光。按下键盘【W】键，选择上一步绘制完成的灯光，配合键盘【Shift】键，在竖直方向复制灯光到一层天花板灯光对应位置，单击【确定】按钮退出，如图 3.13 所示。

（10）设置辅助灯光。打开右侧菜单栏，单击【修改】按钮，进入 VR- 灯光修改面板，在【强度】一栏中将【倍增】值设置为"0.5"个单位，将【颜色】设置为白色，在【选项】栏中勾选"不可见"选项，取消勾选"影响高光"选项，如图 3.14 所示。

（11）绘制楼梯洞口处灯光。由于楼梯洞口较暗，需要绘制一盏灯光照亮楼梯洞口。将视图切换至后视图，在楼梯洞口处绘制一个 VR- 灯光，如图 3.15 所示。

（12）移动楼梯洞口辅助灯光。将视图切换至顶视图，按下键盘【W】键，

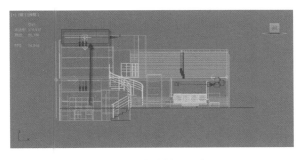

图 3.12　移动辅助灯光

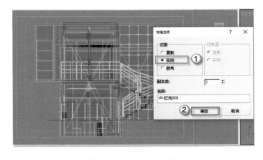

图 3.13　移动灯光

图 3.14　设置辅助灯光

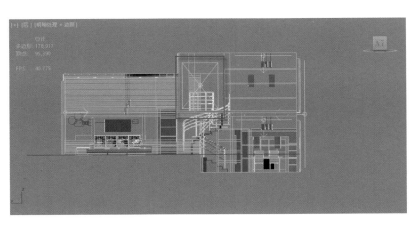

图 3.15　楼梯洞口灯光

辅助灯光必须取消勾选"影响高光"，否则在渲染时，覆上高光材质的物体会产生多个光斑，所以只需要主光源对高光产生影响，其他辅助灯光均要取消勾选"影响高光"选项。

在水平方向移动灯光至楼梯洞口对应的位置，如图 3.16 所示。

（13）新建 VRayIES 灯光。本实例中有几处射灯布置，射灯灯光的投影投射到墙体产生弧形的光斑，渲染后会让整个室内的效果图看起来更加真实绚丽。单击界面右侧菜单栏的【创建】→【灯光】→【VRay】→【VRayIES】命令，如图 3.17 所示。

注意：在 V-Ray 的灯光系统中，VRayIES 使用光度学的 IES 光域网文件，这样的灯光主要用于射灯，可以在对象表面投射出锐利的光斑。

（14）布置 VRayIES 灯光。将视图切换至顶视图，在顶视图的筒灯处绘制一个 VRayIES 灯光的光源，并拉出投影点，如图 3.18 所示。

（15）调节 VRayIES 灯光。将视图切换至前视图，按下键盘【W】键，选中 VRayIES 灯光光源，将 VRayIES 灯的光源移动至室内模型的筒灯对应位置，选择 VRayIES 灯光投影点，移动至光源正下方墙体上产生投影的位置，如图 3.19 所示。

（16）调节 VRayIES 灯光投影点。将视图切换至左视图，按下键盘【W】键，选择 VRayIES 灯光投影点，将 VRayIES 灯光的投影点向上移动至墙面上需要投影出光斑的对应位置，如图 3.20 所示。

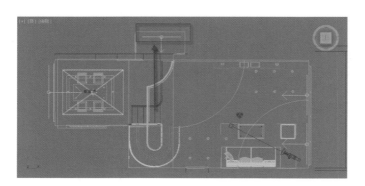

图 3.16 移动辅助灯光

图 3.17 新建 VRayIES 灯光

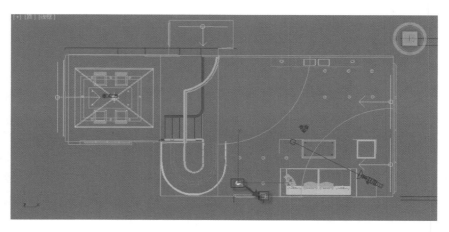

图 3.18 绘制光度学灯光

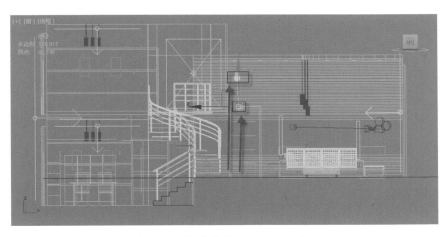

图 3.19　调节移动 VRayIES 灯光

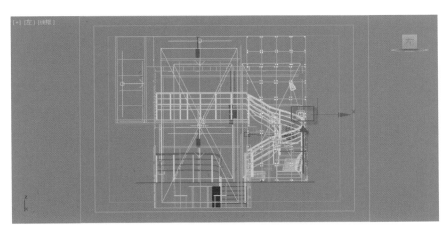

图 3.20　调节移动投影点位置

（17）载入 VRayIES 灯光文件。选择 VRayIES 灯光，打开主界面右侧菜单栏，选择【修改】面板，在下方选择【VRayIES 参数】卷展栏，单击【IES 文件】后的按钮，弹出一个【打开】对话框，选择一个 IES 文件，单击【打开】按钮退出，如图 3.21 所示。

（18）设置 VRayIES 灯光相关参数。选择 VRayIES 灯光，打开主界面右侧菜单栏，选择【修改】面板，将 IES【颜色模式】设置为"颜色"选项，将灯光【颜色】改为白色，在【功率】栏中设置为"500"

个单位，如图 3.22 所示。

（19）复制 VRayIES 灯光。将已经完成的 VRayIES 灯光光源以及投影点全部选中，按下键盘【W】键，配合键盘【Shift】键，将 VRayIES 灯光移动到下一个筒灯的位置，复制后会弹出一个【克隆选项】对话框，选择"实例"选项，单击【确定】按钮退出，如图 3.23 所示。

（20）完成其他 VRayIES 灯光布置。根据上一步操作完成其他 VRayIES 灯光的复制，完成效果如图 3.24 所示。

74

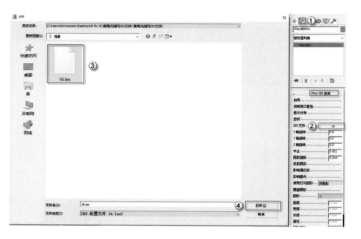

图 3.21　载入 VRayIES 文件　　　　　　　　　图 3.22　设置 VRayIES 灯光相关参数

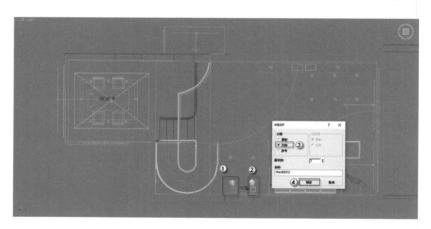

图 3.23　复制 VRayIES 灯光

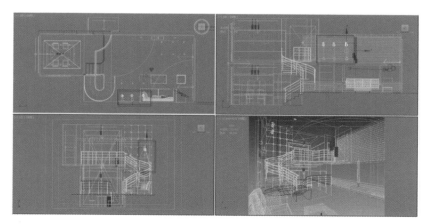

图 3.24　完成 VRayIES 灯光布置

3.1.3　效果图单色渲染

本小节中介绍的这种渲染属于测试渲染，不需要材质，只是单色渲染。作用就是看前面设置的灯光是否能照亮整个场景，具体操作如下。

（1）设置渲染参数。在【渲染设置】主菜单栏中选择【V-Ray】选项卡，选择【全局开关】卷展栏，取消"隐藏灯光"的勾选，勾选"覆盖材质"选项，如图3.25所示。按下键盘【M】键，在弹出的【材质编辑器】对话框中，选中任意一个材质球，命名为"覆盖材质"，单击【材质/贴图浏览器】按钮，弹出【材质/贴图浏

览器】对话框，选择"VRayMtl"材质类型，添加 V-Ray 材质，单击【确定】按钮退出，如图 3.26 所示。

（2）设置覆盖材质基本参数。单击【漫反射】后的颜色选择器，在弹出的【颜色选择器】对话框中，将【红】、【绿】、【蓝】三种颜色都调为"220"，单击【确定】按钮退出，如图 3.27 所示。

（3）使用覆盖材质。将设置好的"覆盖材质"球拖到【全局开关】下的按钮上，会弹出一个【实例（副本）材质】对话框，选择"实例"方法，单击【确定】按钮退出，如图 3.28 所示。

VRayMtl 就是 V-Ray 材质，利用物体的漫反射（就是自身的颜色）、反射、折射三个级别来设置材质的属性。

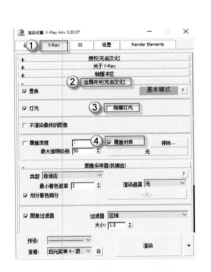

图 3.25　设置 V-Ray 参数

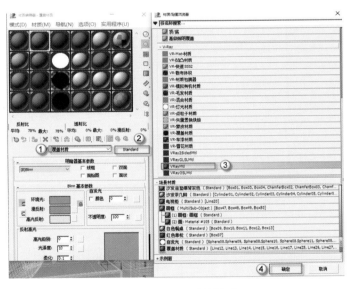

图 3.26　添加覆盖材质

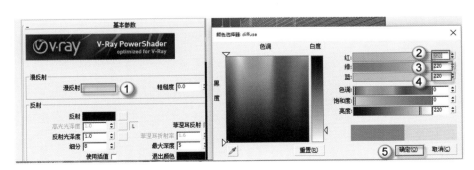

图 3.27　设置覆盖材质参数

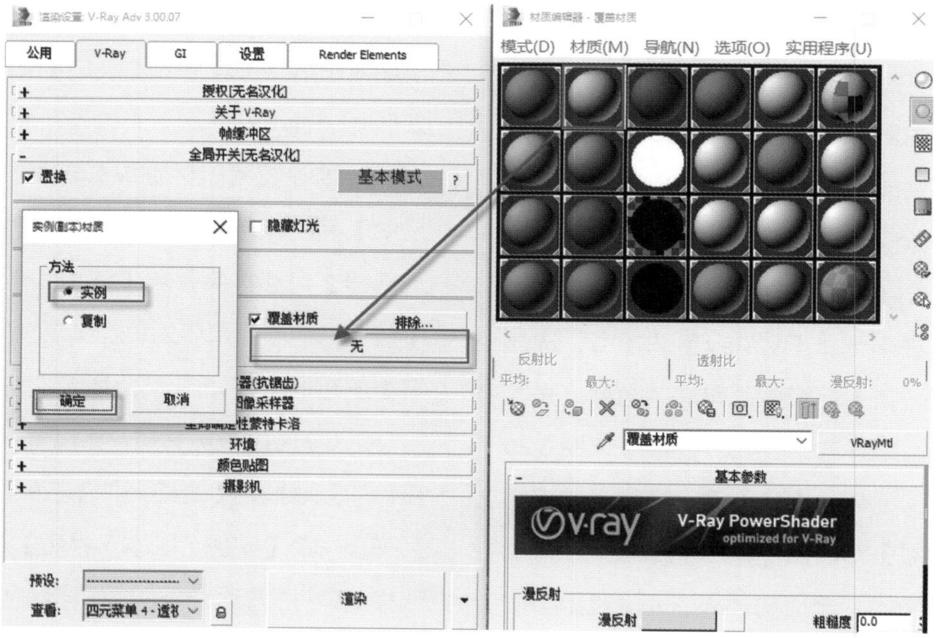

图 3.28　覆盖材质

小贴士

　　经过第（3）步操作之后，整个场景中所有的对象都是红、绿、蓝均为 220 的单色，这样可以快速判断场景的明暗度。

　　（4）抗锯齿参数设置。按下键盘【F10】键，弹出渲染设置对话框，单击【V-Ray】选项卡，单击【图像采样器（抗锯齿）】卷展栏，将【类型】设置为"固定"选项，取消"图像过滤器"的勾选，如图 3.29 所示。

　　（5）设置全局确定性蒙特卡洛参数。单击【全局确定性蒙特卡洛】卷展栏，设置【自适应数量】为"0.85"个单位，设置【噪波阈值】为"0.01"个单位，设置【全局细分倍增】为"1"个单位，设置

【最小采样】值为"8"个单位，设置【颜色贴图】的【类型】为"线性倍增"，如图 3.30 所示。

　　（6）设置单色渲染全局照明参数。单击【渲染设置】面板中的【GI】选项卡，在【全局照明】卷展栏中勾选"启用全局照明"选项，在【首次引擎】下拉菜单中选择"发光图"，在【二次引擎】下拉菜单中选择"灯光缓存"，如图 3.31 所示。

　　（7）设置单色渲染发光图参数。在【GI】选项卡的【发光图】卷展栏中对其

进行参数设置，将【当前预设】设置为"自定义"，并改为"高级模式"，【最小速率】设置为"-4"个单位，【最大速率】设置为"-3"个单位，【细分】设置为"20"个单位，【插值采样】设置为"15"个单位，【颜色阈值】设置为"0.3"个单位，【法线阈值】设置为"0.3"个单位，如图 3.32 所示。

（8）设置单色渲染灯光缓存参数。在【GI】选项卡的【灯光缓存】卷展栏对

其进行参数设置，将【细分】设置为"300"个单位，【采样大小】设置为"0.01"个单位，如图 3.33 所示。

（9）设置单色渲染输出参数。单击【渲染设置】面板的【公用】选项卡，将【输出大小】设置为"800×600"。设置渲染摄影机视图，在【查看】中选择"四元菜单 4-Camera01"视图，如图 3.34 所示。

（10）单色渲染效果图。渲染参数

【发光图】和【灯光缓存】的设置都是基于已经设置好了【全局照明】，【首次引擎】为"发光图"，【二次引擎】为"灯光缓存"。

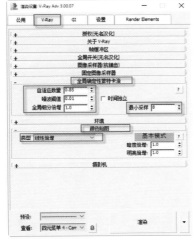
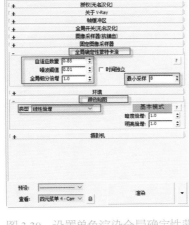

图 3.29　图像采样器参数设置　　图 3.30　设置单色渲染全局确定性蒙特卡洛参数

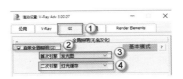

图 3.31　设置单色渲染全局照明参数

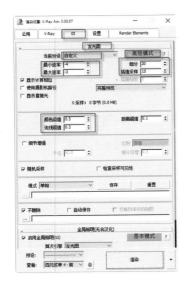

图 3.32　设置发光图参数　　图 3.33　设置单色渲染灯光缓存参数　　图 3.34　渲染输出设置

基本设置完成，覆盖材质颜色即为单色渲染的颜色，在渲染之前必须先设置覆盖材质。按下键盘【F9】键进行渲染，渲染单色效果图如图 3.35 所示。

图 3.35 单色渲染效果图

3.2 复式住宅室内效果图正式渲染

正式渲染与测试渲染不同，一是需要有各类型的材质，二是需要使用高级别参数（使用这类参数，渲染速度虽然慢，但是出图品质比较好）。

3.2.1 添加效果图材质

这个实例中的材质非常多，有墙面、地板、不锈钢、自发光、沙发、电视柜、天花板等，具体设置材质的方法如下。

（1）设置扶手材质。按下键盘【M】键，弹出【材质编辑器】对话框，在材质球中选择"扶手"材质，单击【漫反射】后的颜色选择器，弹出【颜色选择器：漫反射颜色】对话框，调节色调颜色，设置一个偏暖黄色的颜色，单击【确定】退出，如图 3.36 所示。

（2）设置踏步材质。踏步材质是木纹材质，此处添加木纹贴图。按下键盘【M】键，弹出【材质编辑器】对话框，在材质球中选择"踏步"材质，单击【漫反射】后的空白按钮，弹出【材质/贴图浏览器】对话框，选择"位图"模式，单击【确定】添加位图，如图 3.37 所示。弹出一个【选择位图图像文件】对话框，选择"木纹"文件，单击【打开】按钮，如图 3.38 所示。

图 3.36 设置扶手材质

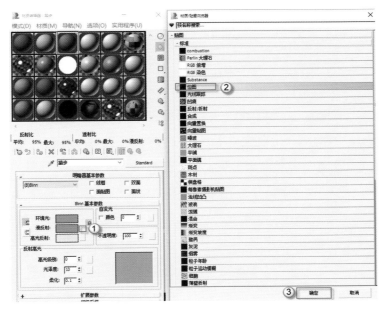

图 3.37 添加位图

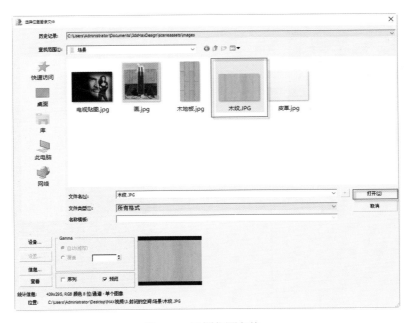

图 3.38 设置位图文件

（3）显示踏步材质。完成添加位图后，单击【视口中显示明暗处理材质】和【转到父对象】两个按钮即可显示贴图，如图3.39所示。完成后踏步材质如图3.40所示。

（4）设置踏步支撑材质，按下键盘【M】键，弹出【材质编辑器】对话框，在材质球中选择"踏步支撑"材质，单击【漫反射】后的颜色选择器，弹出【颜色选择器】对话框，调节色调颜色，设置为白色，单击【确定】退出，如图3.41所示。以同样的方法设置台阶，将台阶颜色设置为白色。

（5）设置金属材质。按下键盘【M】键，弹出【材质编辑器】对话框，在材质球中选择"金属"材质，单击【Standard】按钮，弹出【材质/贴图浏览器】对话框，选择"V-Ray"材质，在其子目录中选择"VRayMtl"材质类型，单击【确定】按钮退出，如图3.42所示。

（6）设置金属材质参数。在【材质编辑器】对话框中编辑金属材质，将【漫反射】设置为黑色，设置金属反射，反射即产生光斑，金属一般是带有反射光斑的，单击【反射】后的颜色选择器，弹出【颜色选择器】对话框，将【红】设置为"192"个单位，【绿】设置为"197"个单位，【蓝】设置为"205"个单位，单击【确定】按钮退出，如图3.43所示。

（7）设置金属反射。单击【高光光泽度】后的【L】按钮设置高光光泽度，输入【高光光泽度】为"0.75"个单位，【反射光泽度】为"0.85"个单位，【细分】设置为"15"个单位，取消"菲涅耳反射"的勾选，如图3.44所示。

（8）设置电视柜材质。按下键盘【M】键，弹出【材质编辑器】对话框，在材质球中选择"电视柜"材质，单击【Standard】按钮，弹出【材质/贴图浏览器】对话框，

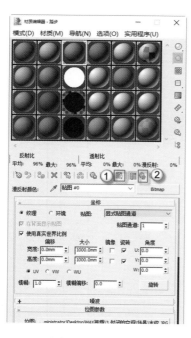

图3.39　显示贴图

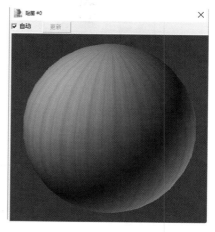

图3.40　台阶

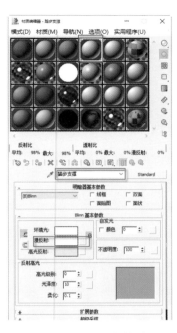

图 3.41　设置踏步支撑材质

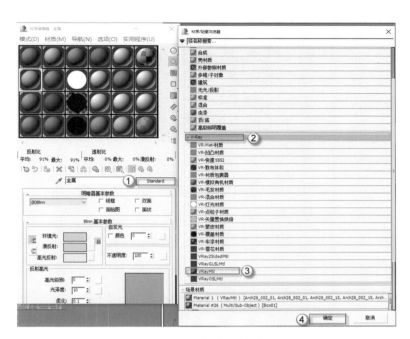

图 3.42　设置金属材质

图 3.43　设置金属材质参数

图 3.44　设置金属高光

选择 "V-Ray" 材质，在其子目录中选择 "VRayMtl" 材质类型，单击【确定】按钮退出，如图 3.45 所示。

（9）添加电视柜位图。单击【漫反射】后的空白按钮，弹出【材质/贴图浏览器】对话框，选择 "位图" 选项，单击【确定】按钮选择位图，如图 3.46 所示，弹出一个【选择位图图像文件】对话框，选择 "木纹" 文件，单击【打开】退出，如图 3.47 所示。

（10）显示电视柜材质。完成添加位图后，单击【视口中显示明暗处理材质】

和【转到父对象】按钮即可显示贴图，如图 3.48 所示。

（11）电视柜材质反射贴图。单击【反射】后的空白按钮，弹出一个【材质/贴图浏览器】对话框，选择 "衰减" 选项，单击【确定】按钮退出，如图 3.49 所示。

（12）设置衰减参数。单击黑白参数中的白色，将弹出【颜色选择器】对话框，将颜色参数中的【红】、【绿】、【蓝】更改为 "200" 个单位，将【衰减类型】设置为 "Fresnel"，单击【确定】按钮退出，如图 3.50 所示。

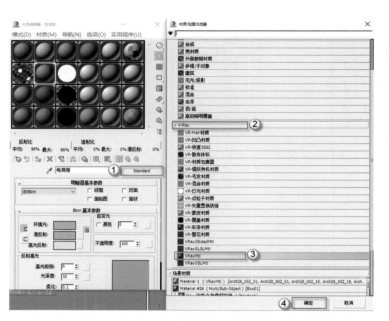

图 3.45　设置电视柜材质

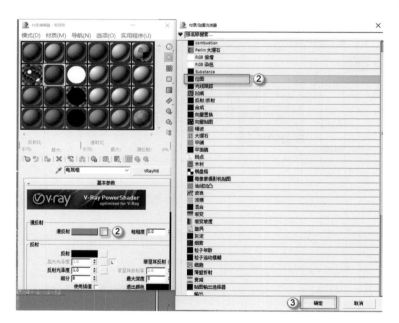

图 3.46　添加电视柜位图

（13）设置反射参数。衰减参数设置完成后，单击【转到父对象】按钮，对电视柜进行高光光泽度参数设置。单击【高光光泽度】后的【L】按钮设置高光光泽度，输入【高光光泽度】为"0.85"个单位，【反射光泽度】为"0.9"个单位，【细分】设置为"15"个单位，取消"菲涅耳反射"

的勾选，如图 3.51 所示。

（14）设置沙发主体材质。按下键盘【M】键，弹出【材质编辑器】对话框，在材质球中选择"沙发主体白色"材质，单击【Standard】按钮，弹出【材质／贴图浏览器】对话框，选择"V-Ray"材质，在其子目录中选择"VRayMtl"材质类型，

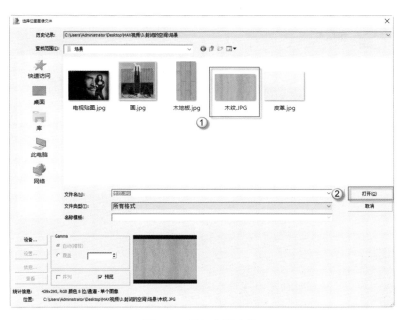

图 3.47 添加位图文件

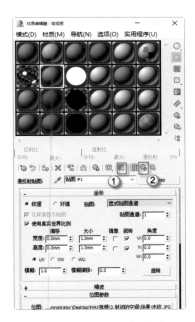

图 3.48 显示电视柜材质

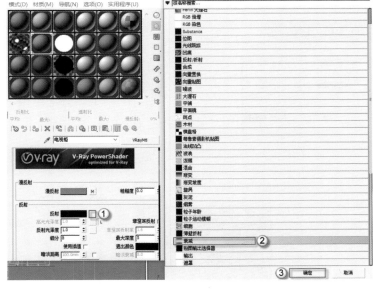

图 3.49 添加反射贴图

单击【确定】按钮退出，如图 3.52 所示。

（15）添加沙发主体材质位图。单击
【漫反射】后的空白按钮，弹出【材质 /
贴图浏览器】对话框，选择"位图"类型，
单击【确定】按钮选择位图，如图 3.53
所示。弹出一个【选择位图图像文件】对
话框，选择"皮革"文件，单击【打开】

退出，如图 3.54 所示。

（16）显示沙发主体材质。完成添加
位图后，单击【视口中显示明暗处理材质】
和【转到父对象】按钮即可显示贴图，如
图 3.55 所示。

（17）设置反射参数。单击【反射】
颜色栏，弹出【颜色选择器】对话框，将

图 3.50　设置衰减参数

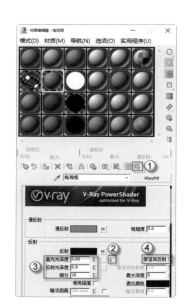

图 3.51　设置反射参数

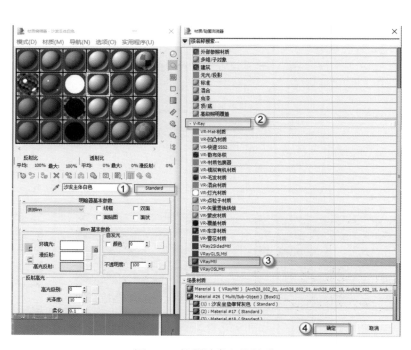

图 3.52　设置沙发主体材质

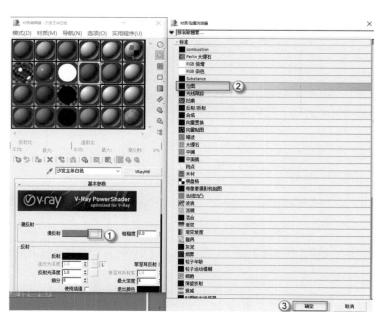

图 3.53　设置位图

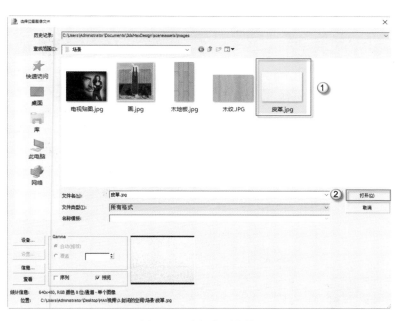

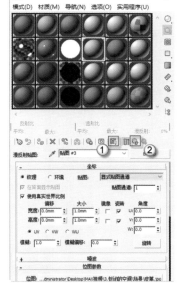

图 3.54　选择位图文件　　　　　　　　图 3.55　显示贴图

【红】、【绿】、【蓝】颜色数值均设置
为"30"，单击【确定】按钮退出，如图
3.56 所示。设置高光光泽度，单击【高光
光泽度】后的【L】按钮设置高光光泽度，
输入【高光光泽度】为"0.65"个单位，【反
射光泽度】为"0.7"个单位，【细分】设
置为"15"个单位，取消"菲涅耳反射"
的勾选，如图 3.57 所示。

（18）设置凹凸贴图。打开【贴图】
下拉选项，将【漫反射】上的贴图拖曳至
【凹凸】栏上，弹出一个【复制（实例）
贴图】对话框，选择"复制"选项，按【确

定】按钮退出。并在【凹凸】参数框输入
"30" 个单位，如图 3.58 所示。完成皮
革贴图效果如图 3.59 所示。

（19）设置茶几主体材质。按下键盘
【M】键，弹出【材质编辑器】对话框，
在材质球中选择"茶几主体黑色半透明"
材质，单击【Standard】按钮，弹出【材
质 / 贴图浏览器】对话框，选择"V-Ray"
材质，在其子目录中选择"VRayMtl"
材质类型，单击【确定】按钮退出，如图
3.60 所示。

（20）设置茶几主体漫反射参数。单

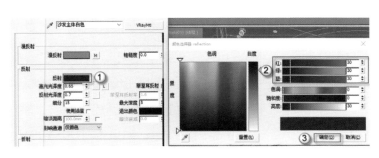

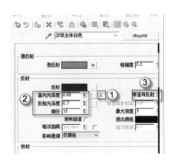

图 3.56　设置反射参数　　　　　　　　图 3.57　设置高光光泽度参数

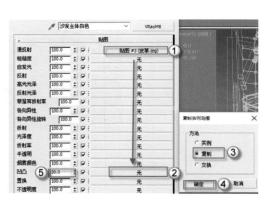

图 3.58 设置贴图凹凸

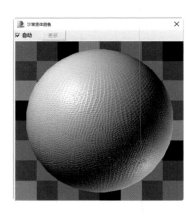

图 3.59 沙发主体贴图完成

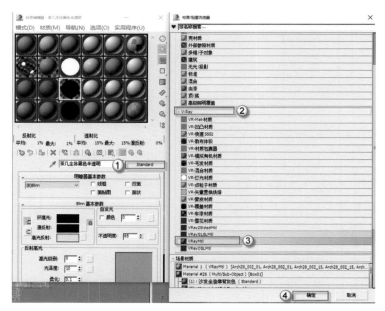

图 3.60 设置茶几主体黑色半透明材质

击【漫反射】后的颜色框，弹出【颜色选择器】对话框，将颜色设置为黑色，单击【确定】按钮退出，如图 3.61 所示。

（21）设置茶几主体反射参数。单击【反射】后的颜色按钮，弹出【颜色选择器】对话框，将【红】、【绿】、【蓝】三种颜色的数值均设置为"100"，单击【确定】按钮退出，如图 3.62 所示。

（22）设置茶几主体反射高光光泽度。单击【高光光泽度】后的【L】按钮设置高光光泽度，输入【高光光泽度】为

"0.85"个单位，【反射光泽度】为"0.75"个单位，【细分】设置为"15"个单位，取消"菲涅耳反射"的勾选，如图 3.63 所示。完成茶几主体材质漫反射以及反射效果设置。

（23）设置电视机材质。按下键盘【M】键，弹出【材质编辑器】对话框，在材质球中选择"电视机"材质，单击【Standard】按钮，弹出【材质/贴图浏览器】对话框，选择"V-Ray"材质，在其子目录中选择"VRayMtl"材质类型，

图 3.61　设置茶几主体漫反射参数

图 3.62　设置反射数值

图 3.63　设置高光光泽度

单击【确定】按钮退出，如图 3.64 所示。

（24）设置电视机材质漫反射。单击【漫反射】后的颜色选择框，弹出【颜色选择器】对话框，将颜色调为白色，即为电视机外壳颜色。按下【确定】按钮退出，如图 3.65 所示。

（25）设置电视屏幕材质。电视屏幕采用贴图材质，按下键盘【M】键，弹出【材质编辑器】对话框，在材质球中选择"电视屏幕"材质，单击【漫反射】后的白色选择框，弹出【材质/贴图浏览器】对话框，选择"位图"选项，单击【确定】按

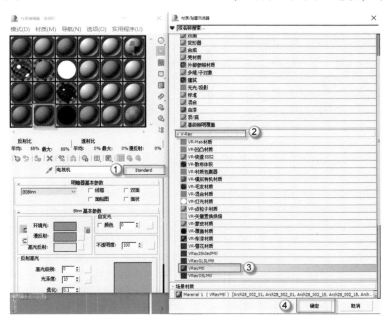

图 3.64　设置电视机材质

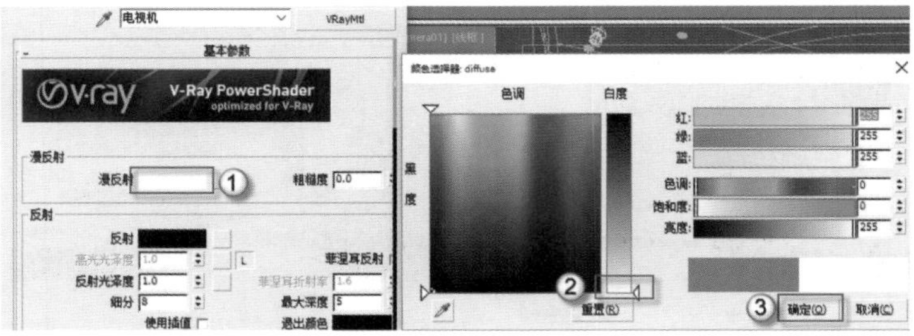

图 3.65　设置电视机材质漫反射

钮选择位图，如图 3.66 所示。弹出一个【选择位图图像文件】对话框，选择"电视贴图 .jpg"文件，单击【打开】按钮退出，如图 3.67 所示。

（26）显示电视屏幕材质。完成添加位图后，单击【视口中显示明暗处理材质】和【转到父对象】按钮即可显示贴图，如图 3.68 所示。

（27）在模型中调整电视屏幕贴图。打开模型，在模型中选择电视机，单击屏幕右侧菜单栏中的【修改】按钮，打开【修改器列表】下拉菜单，如图 3.69 所示。

在下拉菜单中选择"UVW 贴图"，设置好 UVW 贴图后在【贴图】的参数栏中选择"长方体"选项，如图 3.70 所示。

（28）查看电视屏幕贴图。将模型视图设置为"明暗处理"即可显示电视屏幕贴图，或按下【`】键刷新视图，如图 3.71 所示。

（29）设置玻璃材质。选择"房体"材质球，单击"玻璃门板"子材质旁边的【Material #8（Standard）】按钮，如图 3.72 所示。这是一个多维子对象材质，房体材质下面有多个子材质，其中玻璃门

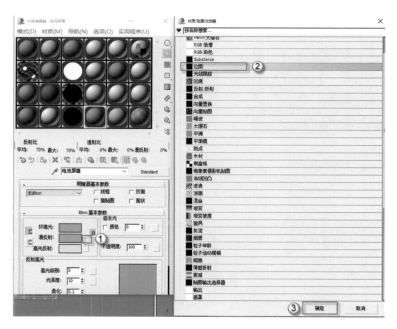

图 3.66　设置电视屏幕位图

图 3.67 选择位图

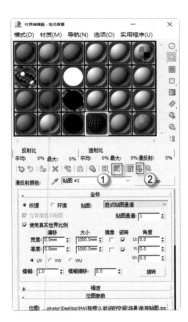

图 3.68 显示贴图

图 3.69 设置 UVW 贴图

图 3.70 设置 UVW 贴图参数

板就是一个子材质。单击【Standard】按钮，在弹出的【材质 / 贴图浏览器】对话框中选择 "V-Ray" 材质，在其子目录中选择 "VRayMtl" 材质类型，单击【确定】按钮退出，如图 3.73 所示。这样为玻璃

门板设置了 VRayMtl 材质类型。将【漫反射】的颜色设置为纯白，单击【折射】颜色框，在弹出的【颜色选择器】对话框中，设置【亮度】值为 "195"，单击【确定】按钮，选择【影响通道】为 "所有通道"

选项，单击【返回父对象】按钮完成操作，如图 3.74 所示。

其他材质可参见上述材质设置方法，类似方法不做赘述。

图 3.71　完成电视屏幕贴图

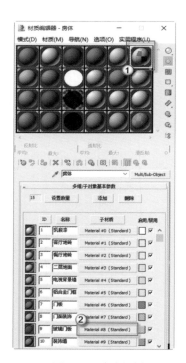

图 3.72　玻璃门板

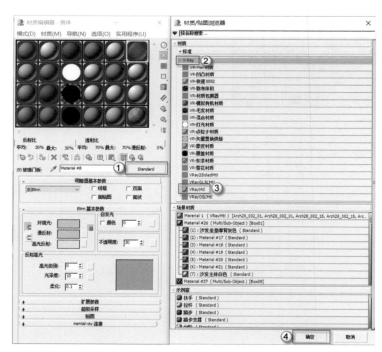

图 3.73　设置 VRayMtl 材质

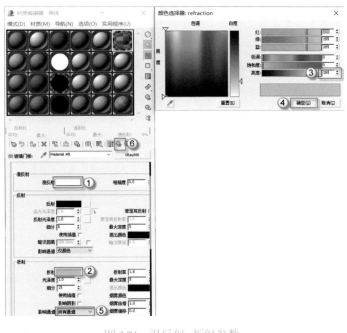

图 3.74　漫反射、折射参数

小贴士

一般需要对有折射效果的玻璃（即玻璃能够透明显示）进行后期处理，在设置完折射参数后，一定要在【影响通道】栏中选择"所有通道"选项，这样的渲染图用 Photoshop 打开后，在玻璃的位置会出现一个 Alpha 通道，可以快速生成玻璃选区，对玻璃进行进一步处理。

3.2.2　输出正式室内效果图

正式渲染中要使用高级别参数，虽然渲染速度会变得很慢，但是生成的效果图品质高，具体操作如下。

（1）正式输出渲染参数设置。灯光布置以及材质布置完成之后可进行正式渲染查看整体，按下键盘【F10】键，弹出【渲染设置】对话框，在菜单栏中选择【公用】选项卡，打开其下拉菜单中的【指定渲染器】卷展栏，单击【产品级】后的【…】按钮，在弹出的【选择渲染器】对话框中，选择【V-Ray Adv 3.00.07】，单击【确定】按钮退出，如图 3.75 所示。

（2）设置正式渲染效果图抗锯齿参数。单击【渲染参数】对话框中的【V-Ray】选项卡，在【图像采样器（抗锯齿）】卷展栏中对其进行参数设置，将【类型】设置为"自适应细分"，勾选"图像过滤器"选项，打开过滤器下拉选项，选择"Catmull-Rom"选项，如图 3.76 所示。

（3）设置正式渲染全局确定性蒙特卡洛参数。单击【V-Ray】选项卡，在【全局确定性蒙特卡洛】卷展栏中对其进行参数设置，设置【自适应数量】为"0.85"个单位，【噪波阈值】为"0.001"个单位，【全局细分倍增】为"1"个单位，【最小采样】值为"15"个单位，如图3.77所示。

（4）设置正式渲染全局开关参数。单击【V-Ray】选项卡，在【全局开关】卷展栏中对其进行参数设置，取消"隐藏灯光""覆盖材质"两项的勾选，如图3.78所示。

（5）设置正式渲染全局照明参数。单击【GI】选项卡，在【全局照明】卷展栏中对其进行参数设置，勾选"启用全局照明"选项，在【首次引擎】下拉菜单选择"发光图"，在【二次引擎】下拉菜单选择"灯光缓存"，如图3.79所示。

图 3.75　设置渲染参数

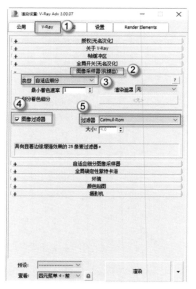

图 3.76　正式渲染图像采样器参数设置

图 3.77　设置正式渲染全局确定性
蒙特卡洛参数

图 3.78　设置正式渲染全局
开关参数

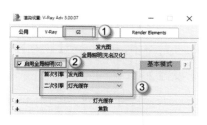

图 3.79　设置正式渲染全局
照明参数

（6）设置正式渲染发光图参数。单击【GI】选项卡，在【发光图】卷展栏中对其进行参数设置，将【当前预设】设置为"自定义"，并改为"高级模式"，【最小速率】设置为"-3"个单位，【最大速率】设置为"-1"个单位，【细分】设置为"50"个单位，【插值采样】设置为"35"个单位，【颜色阈值】设置为"0.4"个单位，【法线阈值】设置为"0.2"个单位，如图 3.80 所示。

（7）设置正式渲染灯光缓存参数。单击【GI】选项卡，在【灯光缓存】卷展栏中对其进行参数设置，将【细分】设置为"1000"个单位，【采样大小】设置为"0.02"个单位，如图 3.81 所示。

（8）设置正式渲染效果图输出大小。在【渲染设置】对话框中单击【公用】选项卡，打开【公用参数】卷展栏。单击【图像纵横比】后的锁，锁住纵横比，输入【输出大小】的【宽度】为"3000"个单位，

输出的【高度】会自动改变，与宽度匹配，如图 3.82 所示。

（9）设置效果图保存路径。在【渲染输出】一栏中单击【文件…】按钮，弹出一个【渲染输出文件】的对话框，设置保存的路径，输入文件名称，在【保存类型】后选择文件格式，选择"TIF 图像文件(*.tif,*.tiff)"，单击【保存】按钮弹出一个【TIF 图像控制】对话框，【图像类型】勾选"存储 Alpha 通道"和"8 位彩色"选项，【压缩类型】勾选"无压缩"选项，【每英寸点数】输入"300"个单位，单击【确定】按钮退出文件保存路径设置，如图 3.83 所示。

（10）正式渲染效果图视图设置。正式渲染设置全部完成后，选择【查看】后的下拉菜单，设置"四元菜单 4-Camera01"为渲染视图，单击【渲染】按钮，即可进行渲染，如图 3.84 所示。

正式渲染效果图，如图 3.85 所示。

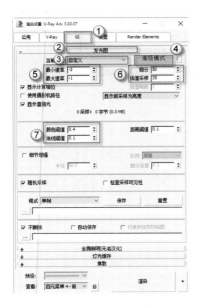
图 3.80　设置正式渲染发光图参数

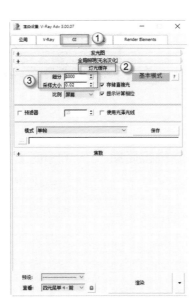
图 3.81　设置正式渲染灯光缓存参数

图 3.82　效果图大小设置

图 3.83　设置保存路径

图 3.84　正式渲染视图设置

图 3.85　完成渲染

3.2.3　使用 Photoshop 进行后期处理

　　本例的效果图细节已经很丰富了，后期处理主要是针对上下两层的玻璃。在玻璃后面加入图片，让玻璃"透"过去，显得更为真实。具体操作如下。

　　（1）打开图层。使用 Photoshop 打开渲染好的图像，双击【背景】图层，在

弹出的【新建图层】对话框的【名称】栏中输入"房间主体"字样，单击【确定】按钮完成操作，如图 3.86 所示。图层锁定时，是无法对其进行操作的。

　　（2）打开 Alpha 通道。单击【通道】→【Alpha 1】命令，图像立即进入 Alpha 1 通道模式，如图 3.87 所示。

　　（3）创建选区。按下【W】键发出【魔

棒工具】命令，设置【容差】值为"1"，勾选"连续"选项，单击屏幕空白处，如图 3.88 所示。这样创建的选区是玻璃之外的选区。

（4）创建玻璃选区。打开【RGB】通道，按下【Shift】+【Ctrl】+【I】组合键进行反选，可以观察到上下两层的玻璃已经被选中，如图 3.89 所示。

（5）新建玻璃图层。在保证玻璃被选择的情况下，按下【Shift】+【Ctrl】+【J】组合键发出"通过剪切新建图层"命令，新建一个"玻璃"图层，如图 3.90 所示。

（6）调整玻璃不透明度。右击【玻璃】图层，选择【混合选项】，在弹出的

【图层样式】对话框中调整【不透明度】为"40%"，单击【确定】按钮完成操作，如图 3.91 所示。

（7）加入窗外背景。使用 Photoshop 打开配套资源中的"窗外 .jpg"文件，将其加入到当前图像中，如图 3.92 所示。设置新加入的图层名为"窗外背景"，并将这个图层调整为最上图层，按下【V】键发出【移动】命令，将其移动到相应的位置，如图 3.93 所示。

（8）调整新图层曝光度。单击【图像】→【调整】→【曝光度】命令，在弹出的【曝光度】对话框中设置【曝光度】为"0.8"，单击【确定】按钮完成操作，这样新图层

此处的 Alpha 通道是在前面设置玻璃材质时通过折射参数设定的，必须在【影响通道】栏中选择"所有通道"选项，否则此处是没有 Alpha 通道的。

图 3.86 打开图层

图 3.87 打开 Alpha 通道

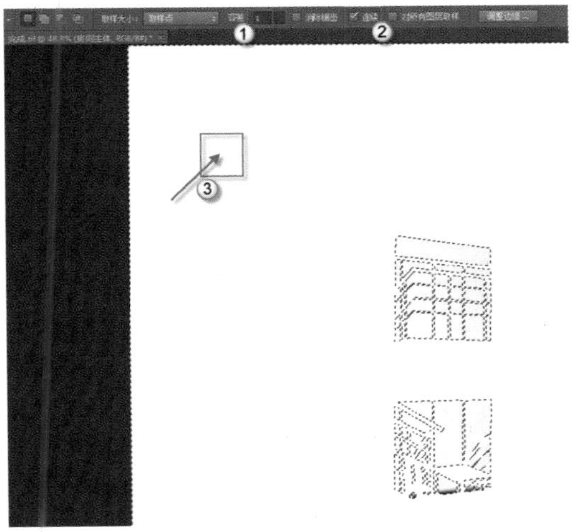

图 3.88 创建选区

图 3.89 玻璃选区

就被提亮了，如图 3.94 所示。

（9）高斯模糊。单击【滤镜】→【模糊】→【高斯模糊】命令，在弹出的【高斯模糊】对话框中设置【半径】为"2"像素，这样透过玻璃看，窗外背景就变模糊了，与现实更为接近，如图 3.95 所示。

（10）变化。按下【Shift】+【Ctrl】+【E】组合键发出合并可见图层命令，将图像中所有图层进行合并，只有合并

了图层，才能进行变化与锐化等出图操作。单击【图像】→【调整】→【变化】，在弹出的【变化】对话框中选择较亮选项，单击【确定】按钮完成操作，如图 3.96 所示。

（11）锐化。单击【滤镜】→【锐化】→【USM 锐化】命令，在弹出的【USM 锐化】对话框中设置【数量】为"50%"，如图 3.97 所示。

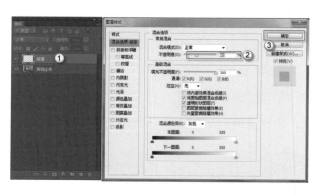

图 3.90　玻璃图层　　　　　　　　　　　图 3.91　调整不透明度

图 3.92　加入窗外背景　　　　　　　　　　图 3.93　调整图层

图 3.94　调整曝光度　　　　　　　　　　　图 3.95　高斯模糊

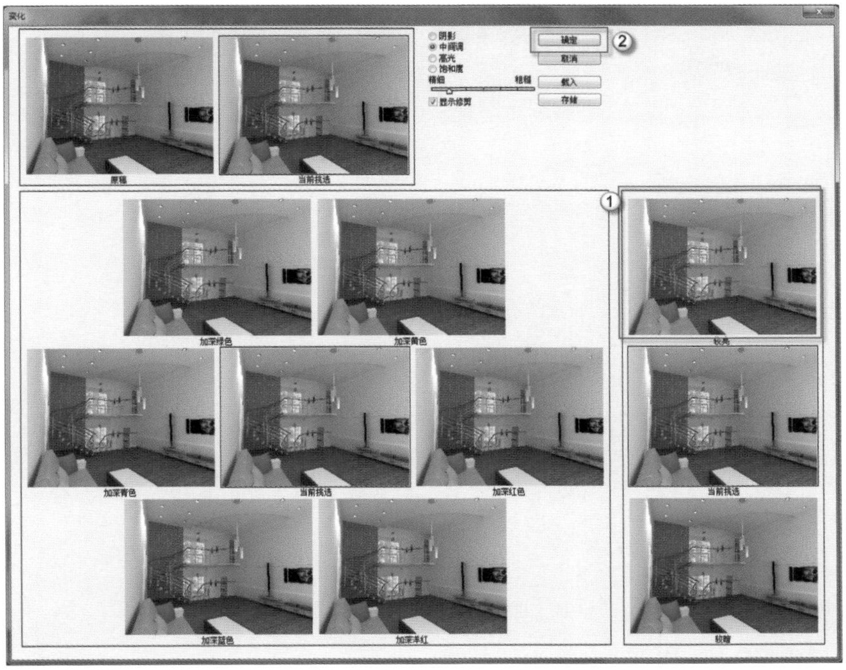

图 3.96　变化

图 3.97　锐化

小贴士

　　打印效果图时，一定要对图像进行锐化处理，否则打印的图像上会有明显的像素点颗粒感。另外，之所以使用 USM 锐化这个锐化命令，是因为这个命令可以实时观测锐化的进程，方便设计师随时调整。

第4章

金碧辉煌

——电梯前室公共空间表现

本章以一个宾馆的电梯前室为例，说明使用 3ds Max 和 V-Ray 渲染器是如何绘制全封闭空间效果图的。宾馆属于公共空间，使用的材料与家庭装修不一样，通过全章的学习，请读者朋友注意两者的区别。

4.1　电梯前室公共空间效果图测试渲染

渲染分为正式渲染与测试渲染两个部分。测试渲染不需要设定材质，只需要布灯，然后通过单色图查看场景的亮度。测试渲染中使用的参数是较低级别的，这样的参数虽然生成的效果图品质低，但是渲染速度快，适合反复测试。

4.1.1　布灯

本例中会使用到 VR- 灯光中的矩形灯光，也就是常说的平板灯。这种灯光在室内设计效果图中最常用，具体操作如下。

（1）绘制平板灯。打开绘制好的电梯前室模型，单击【T】键进入顶视图，单击【灯光】→【VRay】→【VR- 灯光】命令，框取出平板灯，如图 4.1 所示。

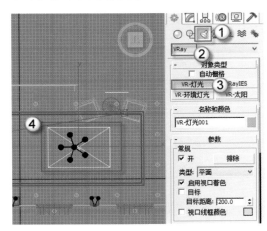

图 4.1　绘制平板灯

（2）复制平板灯。按下【Ctrl】+【Shift】+【X】组合键取消 Gizmo 显示，配合【Shift】键，用鼠标左键按住 *x* 轴，拖动平板灯到相应位置，选择"实例"选项，在【副本数】栏输入"2"个单位，单击【确定】按钮，如图 4.2 所示。根据上述步骤再绘制一个平板灯，如图 4.3 所示。

（3）调整平板灯位置。单击【P】键进入透视图，配合【Ctrl】键选中所有平板灯，按住 *z* 轴向上移动到吊灯下方，如图 4.4 所示。

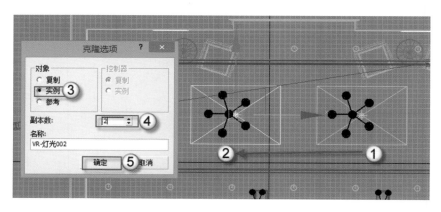

图 4.2　复制平板灯

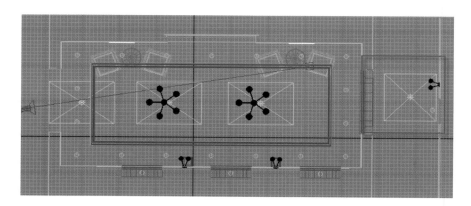

图 4.3　其他平板灯

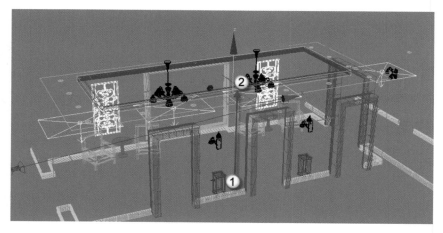

图 4.4　调整平板灯位置

（4）平板灯的设置。选中一个平板灯，单击【修改】，在【倍增】栏输入"1"个单位，并勾选"不可见"选项，如图 4.5 所示。

（5）绘制 VRayIES 灯。单击【T】键进入顶视图，单击【灯光】→【VRay】→【VRayIES】命令，在相应位置布置灯源及灯光目标点，如图 4.6 所示。

（6）调整 VRayIES 灯。单击【P】键进入透视图，配合【Alt】键调整角度，选中光源，鼠标左键按住 z 轴向上移动到吊灯下方，如图 4.7 所示。选中灯光目标点，鼠标左键按住 z 轴向上移动到目标位置，

如图 4.8 所示。

（7）复制 VRayIES 灯，单击【T】键进入顶视图，配合【Ctrl】键选中灯源及灯光目标点，配合【Shift】键，用鼠标左键按住 x 轴，拖动 VRayIES 灯到相应位置，选择"实例"选项，在【副本数】栏输入"1"个单位，单击【确定】按钮，如图 4.9 所示。

（8）插入 IES 文件。选中一个 VRayIES 灯，单击【修改】→【VRayIES 参数】→【无】按钮，在弹出的【打开】对话框中选中"9.IES"灯，单击【打开】按钮，如图 4.10 所示。

101

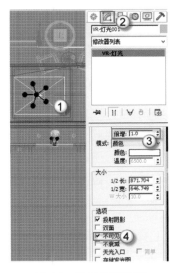

图 4.5　平板灯的设置

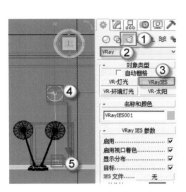

图 4.6　绘制 VRayIES 灯

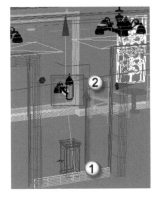

图 4.7　调整光源

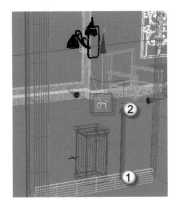

图 4.8　调整灯光目标点位置

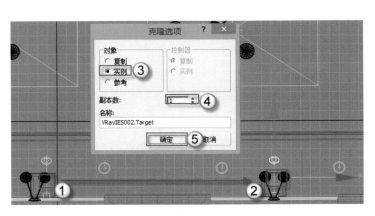

图 4.9　复制 VRayIES 灯

4.1.2　单色渲染

要查看场景的亮度，只需要单色的渲染图就可以了。这样渲染速度快，且明暗度准确，具体操作如下。

（1）渲染设置。单击【F10】键，在弹出的【渲染设置：默认扫描线渲染器】对话框中选择【指定渲染器】→【产品级】栏的【...】按钮，在弹出的【选择渲染器】对话框中选择"V-Ray Adv 3.00.07"选项，单击【确定】按钮，如图 4.11 所示。

（2）设置覆盖材质。单击【M】键，在弹出的【材质编辑器】对话框中选择一个未设置的材质球，在名称栏输入"测试"字样，单击【Standard】按钮，在弹出的【材质 / 贴图浏览器】对话框中单击【V-Ray】→【VRayMtl】→【确定】按钮，如图 4.12 所示。单击【漫反射】后的颜色按钮，在弹出的【颜色选择器】对话框中将【红】、【绿】、【蓝】颜色数据改为"220"，如图 4.13 所示，单击【确定】按钮。

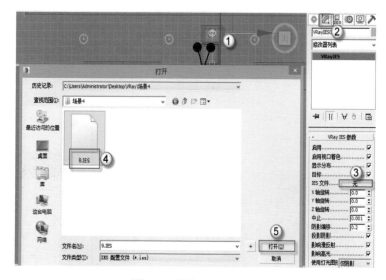

图 4.10　插入 IES 文件

图 4.11　渲染设置

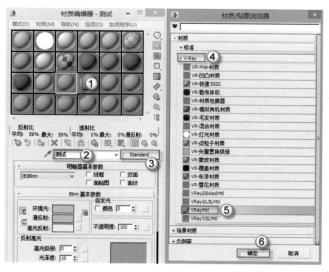

图 4.12　设置测试材质

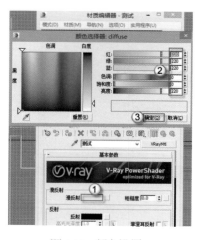

图 4.13　颜色设置

（3）测试材质的渲染设置。单击
【F10】键，在弹出的"渲染设置"对话
框中单击【V-Ray】→【全局开关】按钮，
勾选"覆盖材质"。单击【M】键，同时
打开【材质编辑器】和【渲染设置】两个
对话框，选中"测试"材质并拖拽到【渲
染设置】对话框中的"覆盖材质"下的【无】
按钮，在弹出的【实例（副本）材质】对
话框中选择"实例"选项，单击【确定】
按钮，如图 4.14 所示。

（4）图像采样器设置。单击【图像
采样器（抗锯齿）】卷展栏，在【类型】
栏中选择"固定"选项，将【最小着色速率】
设置为"1"个单位，取消"图像过滤器"
的勾选，如图 4.15 所示。

（5）全局确定性蒙特卡洛及颜色贴
图设置。单击【全局确定性蒙特卡洛】卷
展栏，设置【噪波阈值】为"0.01"个单
位，设置【最小采样】值为"8"个单位，
如图 4.16 所示。单击【颜色贴图】卷展栏，

在第（3）步操
作之后，整个
场景只会使用
一种材质，就
是"测试"材
质，渲染成图
后，就是灰度
为 220 的单
色效果图。

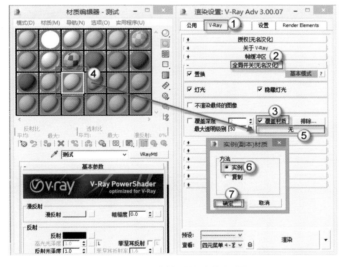

图 4.14　测试材质的渲染设置

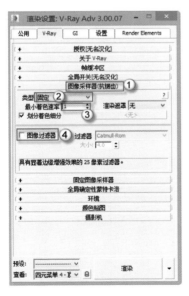

图 4.15　图像采集器设置

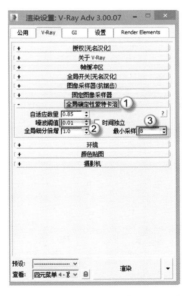

图 4.16　全局确定性蒙特卡洛设置

设置【类型】为"线性倍增"选项,如图4.17所示。

（6）全局照明设置。单击【GI】选项卡,单击【全局照明】卷展栏,勾选【启用全局照明】,在【首次引擎】栏中选择【发光图】选项,在【二次引擎】栏中选择【灯光缓存】选项,如图4.18所示。

（7）发光图设置。单击【发光图】卷展栏,在【当前预设】栏中选择"自定义"选项,单击【高级模式】按钮,在【最小速率】、【最大速率】、【细分】、【插值采样】、【颜色阈值】、【法线阈值】栏中分别输入"−4""−3""20""15""0.4""0.3"个单位,如图4.19所示。

（8）灯光缓存设置。单击【灯光缓存】卷展栏,在【细分】、【采样大小】栏中分别输入"300""0.01"个单位,如图4.20所示。

（9）单色渲染。单击【C】键进入摄影机视图,单击【F9】键进行渲染,在弹出的对话框中可看到渲染效果,如图4.21所示。

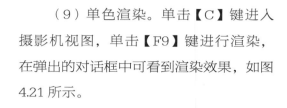

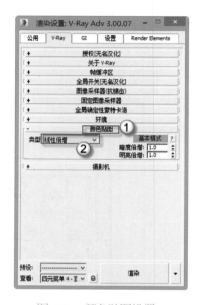

图 4.17　颜色贴图设置

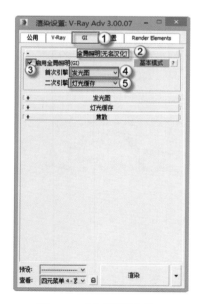

图 4.18　全局照明设置

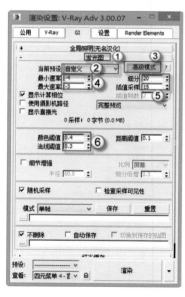

图 4.19　发光图设置

图 4.20　灯光缓存设置

图 4.21　单色渲染效果

4.2　电梯前室公共空间效果图正式渲染

输出正式版的效果图要进行正式渲染，需要对场景中每一种材质进行设定，同样也需要使用高级别的渲染参数，这样的参数虽然渲染速度很慢，但是图的品质非常高。在本例的公共空间的室内场景中，材质类别比较多，请读者注意。

4.2.1　设置材质

本例中的材质非常丰富，有铁艺、不锈钢、玻璃、镜子、大理石地面、墙纸、自发光等，具体的设定方法如下。

（1）设置金属材质。单击【M】键，选中"金属"材质球，单击【Standard】按钮，在弹出的【材质 / 贴图浏览器】对话框中，单击【材质】→【V-Ray】→

【VRayMtl】→【确定】按钮，如图 4.22 所示。单击【漫反射】后的颜色按钮，在弹出的【颜色选择器】对话框中选择合适的颜色，单击【确定】按钮，取消"菲涅耳反射"的勾选，如图 4.23 所示。

（2）设置白砂岩门套材质。选中"白砂岩门套"材质球，单击【Standard】按钮，在弹出的【材质 / 贴图浏览器】对话框中，单击【材质】→【V-Ray】→【VRayMtl】→【确定】按钮，如图 4.24 所示。单击【漫反射】后的颜色按钮，在弹出的【颜色选择器】对话框中选择合适的颜色，单击【确定】按钮，如图 4.25 所示。

（3）设置铁艺材质。选中"铁艺"材质球，单击【Standard】按钮，在弹出的【材质 / 贴图浏览器】对话框中，单击【VRayMtl】→【确定】按钮，如图 4.26 所示。单击【漫反射】后的颜色按钮，在弹出的【颜色选择器】对话框中选择合适的颜色，单击【确定】按钮，取消"菲涅耳反射"的勾选，如图 4.27 所示。

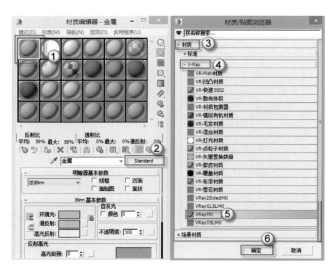
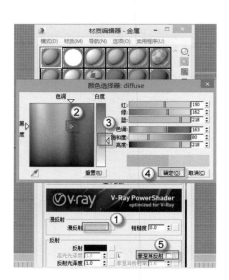

图 4.22　设置金属材质　　　　　　　　　图 4.23　金属材质的漫反射颜色选择

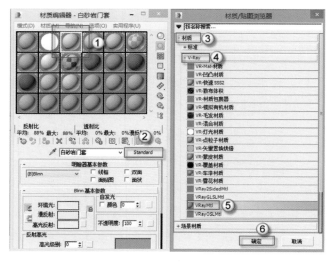

图 4.24　设置白砂岩门套材质　　　　　　图 4.25　白砂岩门套材质的漫反射颜色选择

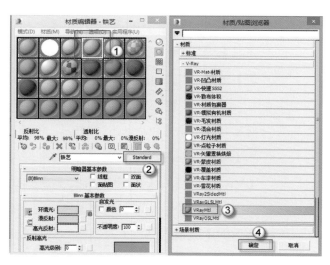
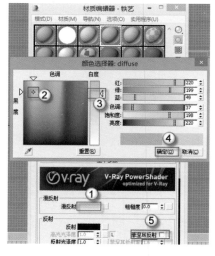

图 4.26　设置铁艺材质　　　　　　　　　图 4.27　铁艺材质的漫反射颜色选择

（4）铁艺材质的反射设置。单击【反射】后的颜色按钮，在弹出的【颜色选择器】对话框中选择合适的颜色，单击【确定】按钮，如图 4.28 所示。单击【高光光泽度】栏后的【L】按钮，分别在【高光光泽度】、【反射光泽度】、【最大深度】栏输入"0.8""0.8""10"个单位，单击【背景】按钮，即图 4.29 中的④号位置。

（5）设置镜框材质。选中"镜框"材质球，单击【Standard】按钮，在弹出的【材质 / 贴图浏览器】对话框中，单击【VRayMtl】→【确定】按钮，如图 4.30 所示。单击【漫反射】后的颜色按钮，在弹出的【颜色选择器】对话框中选择合适的颜色，单击【确定】按钮，取消"菲涅耳反射"的勾选，如图 4.31 所示。

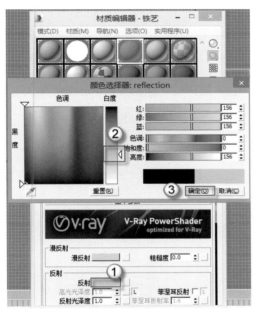

图 4.28　铁艺材质的反射颜色选择

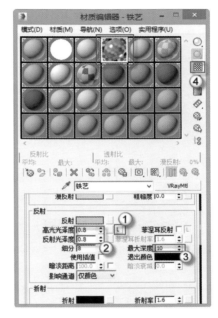

图 4.29　铁艺材质的反射设置

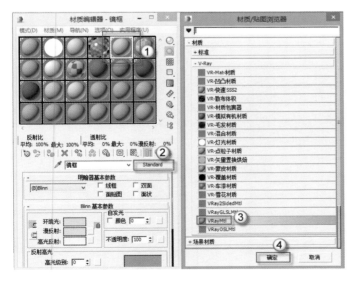

图 4.30　设置镜框材质

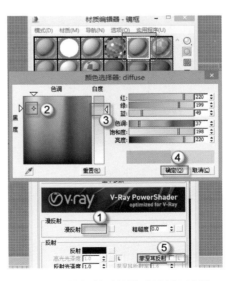

图 4.31　镜框材质的漫反射颜色选择

108

（6）镜框材质的反射设置。单击【反射】后的颜色按钮，在弹出的【颜色选择器】对话框中选择合适的颜色，单击【确定】按钮，如图 4.32 所示。单击【高光光泽度】栏后的【L】按钮，分别在【高光光泽度】、【反射光泽度】、【最大深度】栏输入"0.8""0.8""10"个单位，单击【背景】按钮，如图 4.33 所示。

（7）设置车边水银镜材质。选中"车边水银镜"材质球，单击【车边水银镜（Standard）】按钮，如图 4.34 所示。

在弹出的【材质/贴图浏览器】对话框中，单击【VRayMtl】→【确定】按钮，如图 4.35 所示。单击【漫反射】后的颜色按钮，在弹出的【颜色选择器】对话框中选择合适的颜色，单击【确定】按钮，取消"菲涅耳反射"的勾选，如图 4.36 所示。

（8）车边水银镜材质的反射设置。单击【反射】后的颜色按钮，在弹出的【颜色选择器】对话框中选择合适的颜色，单击【确定】按钮。单击【高光光泽度】栏后的【L】按钮，分别在【高光光泽度】、【反

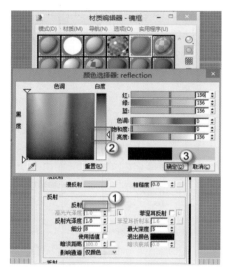

图 4.32　镜框材质的反射颜色选择

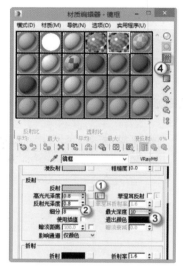

图 4.33　镜框材质的反射设置

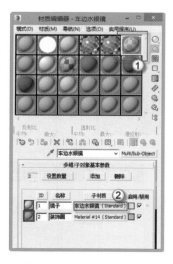

图 4.34　选择镜子材质

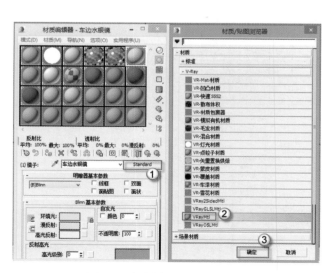

图 4.35　设置车边水银镜材质

射光泽度】【最大深度】栏输入"1""1""10"
个单位，单击【转到父对象】按钮，如图
4.37 所示。

（9）设置装饰画材质。单击【Material
#14（Standard）】按钮，如图 4.38 所示。
单击【漫反射】栏后的矩形方块按钮，在
弹出的【材质/贴图浏览器】对话框中，
单击【贴图】→【标准】→【位图】→【确
定】按钮，如图 4.39 所示。在弹出的【选
择位图图像文件】对话框中选择要进行贴
图的图片"画 .jpg"，单击【打开】按钮，

如图 4.40 所示。

（10）装饰画的贴图设置。不勾选"使
用真实世界比例"，在【瓷砖】下的【U】、
【V】栏均输入"1"个单位，单击【背景】
按钮，单击【视口中显示明暗处理材质】
按钮，单击两次【转到父对象】按钮，如
图 4.41 所示。

（11）调整装饰画的贴图。单击【P】
键进入透视图，选中装饰画，单击【修改】
→【修改器列表】命令，选择"UVW 贴图"
修改器，如图 4.42 所示。单击【UVW 贴

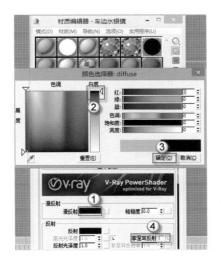

图 4.36　车边水银镜材质的漫反射颜色选择

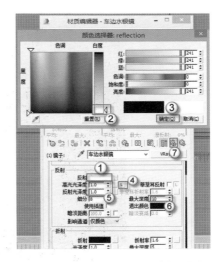

图 4.37　车边水银镜的反射设置

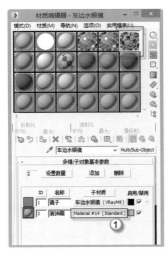

图 4.38　选择装饰画材质

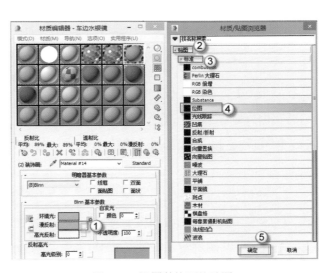

图 4.39　设置装饰画的贴图

图 4.40　选择贴图文件

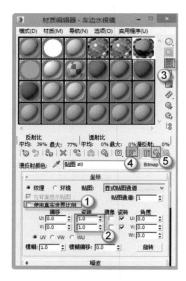

图 4.41　贴图的设置

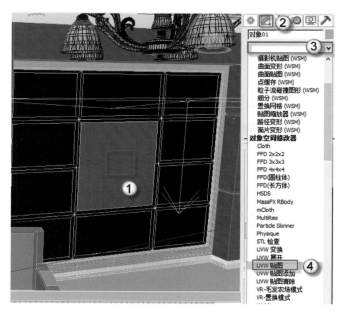

图 4.42　添加修改器

图】和【Gizmo】，选择"长方体"选项，取消"真实世界贴图大小"的勾选，并调整【长度】、【宽度】、【高度】，如图 4.43 所示。

（12）设置天花壁纸材质。选中"天花壁纸"材质球，单击【Standard】按钮，在弹出的【材质 / 贴图浏览器】对话框中，单击【VR- 灯光材质】→【确定】按钮，

如图 4.44 所示。

（13）天花壁纸的贴图设置。单击【颜色】后的【无】按钮，在弹出的【材质 / 贴图浏览器】对话框中，单击【位图】→【确定】按钮，如图 4.45 所示。在弹出的【选择位图图像文件】对话框中选择"金箔 .jpg"，单击【打开】按钮。单击【视口中显示明暗处理材质】按钮和【转到父

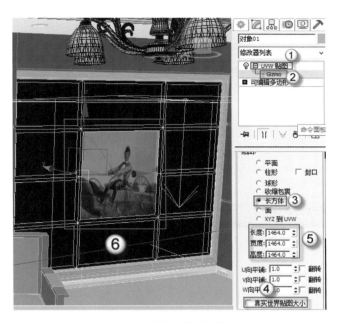

图 4.43　调整贴图位置

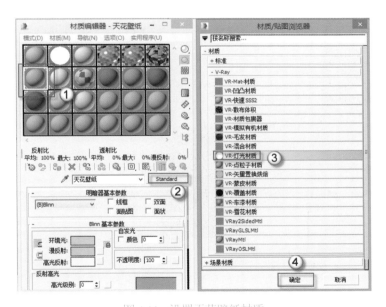

图 4.44　设置天花壁纸材质

对象】按钮，即设置好天花壁纸的材质，如图 4.46 所示。

（14）调整天花壁纸的贴图。单击【P】键进入透视图，选中天花，单击【修改】→【修改器列表】命令，选择"UVW 贴图"修改器，如图 4.47 所示。单击【UVW 贴图】→【Gizmo】，选择"长方体"选项，

取消"真实世界贴图大小"的勾选，并调整【长度】、【宽度】、【高度】，如图 4.48 所示。

（15）设置天花乳胶漆材质。选中"天花乳胶漆"材质球，单击【Standard】按钮，在弹出的【材质/贴图浏览器】对话框中，单击【VRayMtl】→【确定】按钮，如

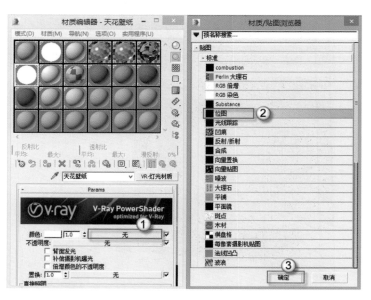

图 4.45 设置天花壁纸的贴图

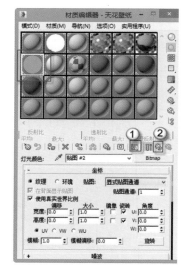

图 4.46 天花壁纸的贴图设置

图 4.47 添加修改器

图 4.48 调整贴图

图 4.49 所示。单击【漫反射】后的颜色按钮，在弹出的【颜色选择器】对话框中选择合适的颜色，单击【确定】按钮，取消"菲涅耳反射"的勾选，如图 4.50 所示。

（16）设置房体材质。选中"房体"材质球，单击【斑马木饰面】栏后的【Material #2（Standard）】按钮，如

图 4.51 所示。单击【Standard】按钮，在弹出的【材质/贴图浏览器】对话框中，单击【VRayMtl】→【确定】按钮，如图 4.52 所示。单击【漫反射】后的颜色按钮，在弹出的【颜色选择器】对话框中选择合适的颜色，单击【确定】按钮，取消"菲涅耳反射"的勾选，单击【转到父对象】按钮，如图 4.53 所示。

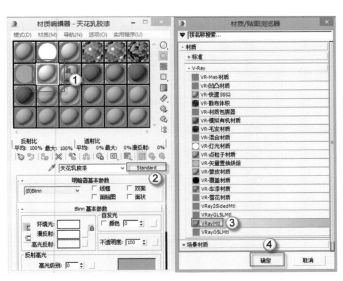
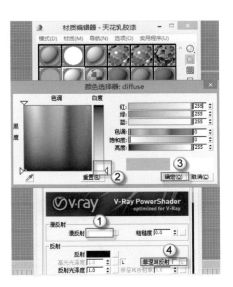

图 4.49　设置天花乳胶漆材质　　　　　　图 4.50　天花乳胶漆材质的漫反射颜色选择

113

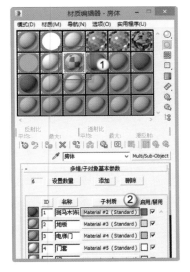
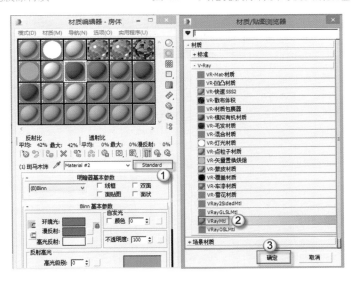

图 4.51　选择斑马木饰面材质　　　　　　图 4.52　设置斑马木饰面材质

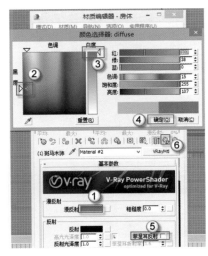
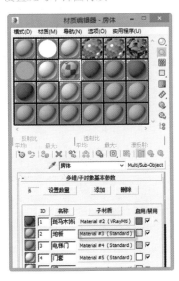

图 4.53　斑马木饰面材质的漫反射颜色选择　　　　图 4.54　选择地板材质

（17）设置地板材质。单击【地板】栏后的【Material #3（Standard）】按钮，如图 4.54 所示。单击【Standard】按钮，在弹出的【材质/贴图浏览器】对话框中，单击【VRayMtl】→【确定】按钮，如图 4.55 所示。

（18）地板的贴图设置。不勾选"菲涅耳反射"，单击【漫反射】栏后的矩形方块按钮，在弹出的【材质/贴图浏览器】对话框中，单击【位图】→【确定】按钮，如图 4.56 所示。在弹出的【选择位图图像文件】对话框中选择要进行贴图的文件，单击【打开】按钮，如图 4.57 所示。单击【视口中显示明暗处理材质】→【转到父对象】按钮，即设置好天花壁纸的材质，如图 4.58 所示。

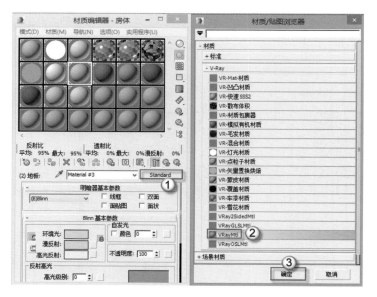

图 4.55　设置地板材质

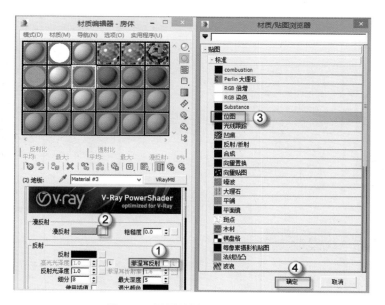

图 4.56　设置地板的贴图

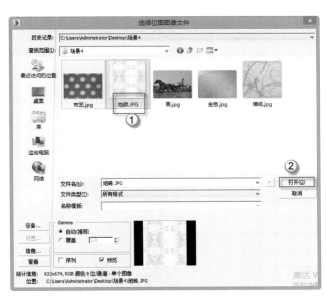

图 4.57　选择地板贴图文件

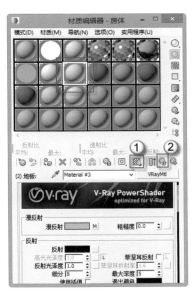

图 4.58　地板的贴图设置

（19）调整地板的贴图。单击【P】键进入透视图，选中地板，单击【修改】→【修改器列表】命令，选择"多边形选择"修改器，如图4.59所示。单击【多边形选择】→【多边形】按钮，选中地板，如图 4.60所示。单击【修改器列表】命令，选择"UVW贴图"修改器，如图4.61所示。单击【UVW

贴图】→【Gizmo】，选择"长方体"选项，取消"真实世界贴图大小"的勾选，并调整【长度】、【宽度】、【高度】，如图 4.62 所示。

（20）设置电梯门材质。单击【电梯门】栏后的【Material #4（Standard）】按钮，如图 4.63 所示。单击【Standard】

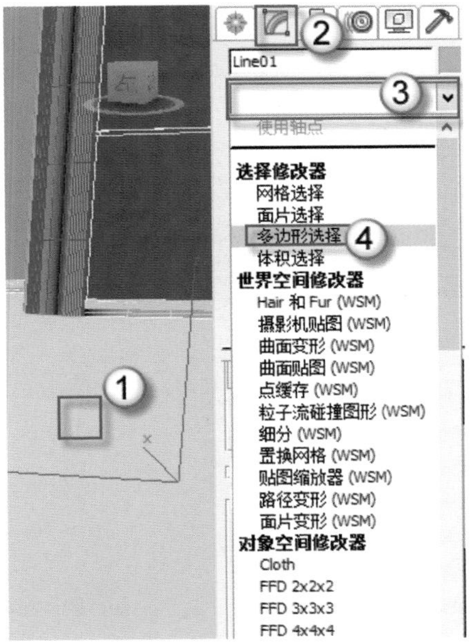

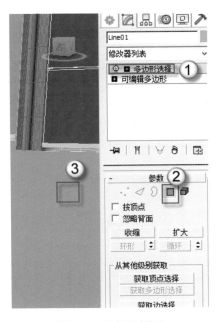

图 4.59　添加修改器

图 4.60　选择地板面

图 4.61　添加贴图修改器

图 4.62　贴图设置

按钮，在弹出的【材质／贴图浏览器】对话框中，单击【V-Ray】→【VRayMtl】→【确定】按钮，如图 4.64 所示。单击【漫反射】后的颜色按钮，在弹出的【颜色选择器】对话框中选择合适的颜色，单击【确定】按钮，取消"菲涅耳反射"的勾选，单击【转到父对象】按钮，如图 4.65 所示。

（21）设置门套材质。单击【门套】栏后的【Material #5（Standard）】按钮，如图 4.66 所示。单击【Standard】按钮，在弹出的【材质／贴图浏览器】对话框中，单击【VRayMtl】→【确定】按钮，如图 4.67 所示。单击【漫反射】后的颜色按钮，在弹出的【颜色选择器】对话框中选择合适

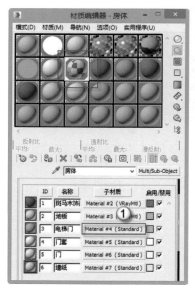

图 4.63　选择电梯门材质

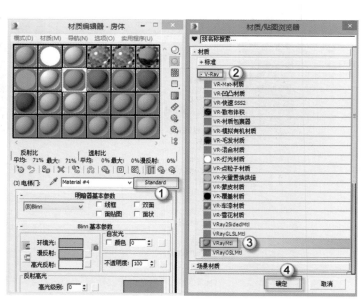

图 4.64　设置电梯门材质

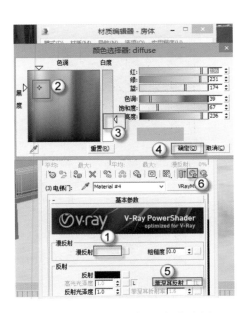

图 4.65　电梯门材质的颜色选择

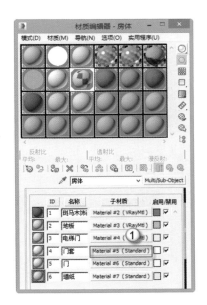

图 4.66　选择门套材质

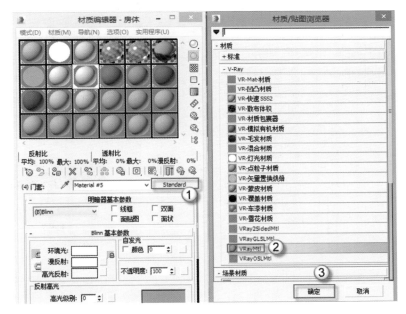

图 4.67　设置套材质

的颜色，单击【确定】按钮，取消"菲涅耳反射"的勾选，单击【转到父对象】按钮，如图 4.68 所示。

（22）设置门材质。单击【门】栏后的【Material #6（Standard）】按钮，如图 4.69 所示。单击【Standard】按钮，在弹出的【材质 / 贴图浏览器】对话框中，单击【VRayMtl】→【确定】按钮，如

图 4.70 所示。单击【漫反射】后的颜色按钮，在弹出的【颜色选择器】对话框中选择合适的颜色，单击【确定】按钮，取消"菲涅耳反射"的勾选，单击【转到父对象】按钮，如图 4.71 所示。

（23）设置墙纸材质。单击【墙纸】栏后的【Material #7（Standard）】按钮，如图 4.72 所示。单击【漫反射】栏

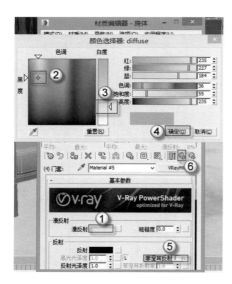

图 4.68　门套材质的颜色选择

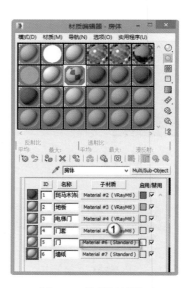

图 4.69　选择门材质

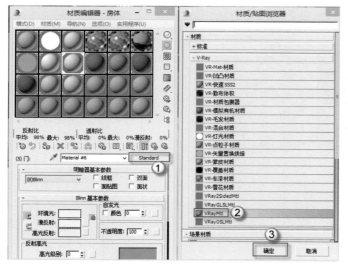

图 4.70　设置门材质

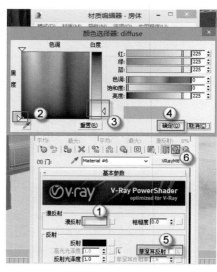

图 4.71　门材质的颜色选择

后的矩形方块按钮，在弹出的【材质／贴图浏览器】对话框中，单击【位图】→【确定】按钮，如图 4.73 所示。在弹出的【选择位图图像文件】对话框中选择要进行贴图的文件，单击【打开】按钮，如图 4.74 所示。

（24）设置墙纸的贴图。不勾选"使用真实世界比例"，在【瓷砖】下的【U】、【V】栏均输入"1"个单位，单击【视口中显示明暗处理材质】按钮，单击两次

【转到父对象】按钮，如图 4.75 所示。

（25）调整墙纸的贴图。单击【P】键进入透视图，选中墙纸，单击【修改器列表】下拉菜单，选择"多边形选择"修改器，如图 4.76 所示。选择【多边形选择】中的"多边形"选项，配合【Ctrl】键选中墙纸的所有面，如图 4.77 所示。单击【修改器列表】下拉菜单，选择"UVW 贴图"修改器，如图 4.78 所示。单击【UVW 贴图】→【Gizmo】，选择"长方体"选项，

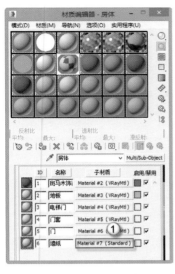

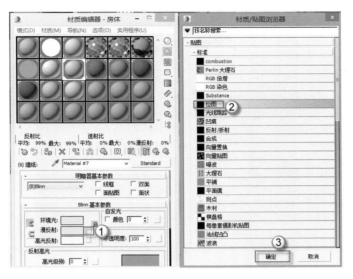

图 4.72　选择墙纸材质　　　　　　　　　图 4.73　设置墙纸材质的贴图

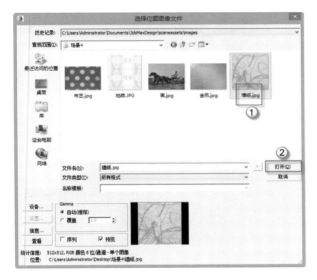

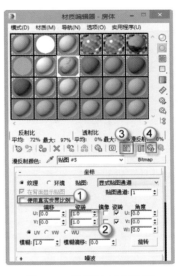

图 4.74　选择墙纸材质的贴图文件　　　　　图 4.75　设置墙纸的贴图

取消"真实世界贴图大小"的勾选，并调整【长度】、【宽度】、【高度】与贴图位置，如图 4.79 所示。

（26）设置木椅材质。选中"木椅"材质球，单击【Standard】按钮，在弹出的【材质 / 贴图浏览器】对话框中，单击【VRayMtl】→【确定】按钮，如图 4.80 所示。单击【漫反射】后的颜色按钮，在弹出的【颜色选择器】对话框中选择合适的颜色，单击【确定】按钮，

取消"菲涅耳反射"的勾选，如图 4.81 所示。

（27）设置木椅皮质部分材质。选中"木椅皮质部分"材质球，单击【漫反射】栏后的矩形方块按钮，在弹出的【材质 / 贴图浏览器】对话框中，单击【位图】→【确定】按钮，如图 4.82 所示。在弹出的【选择位图图像文件】对话框中选择要进行贴图的图片，单击【打开】按钮，如图 4.83 所示。

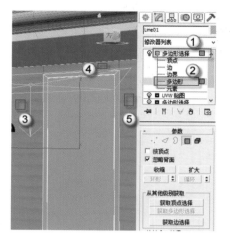

图 4.76　添加修改器　　　　图 4.77　选中墙纸面　　　　图 4.78　添加贴图修改器

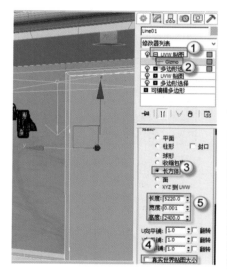

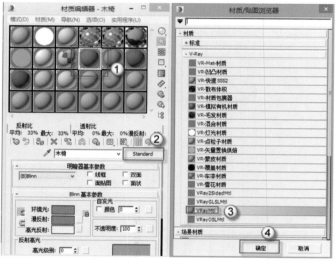

图 4.79　调整墙纸材质的贴图　　　　　　图 4.80　设置木椅材质

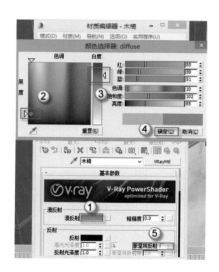

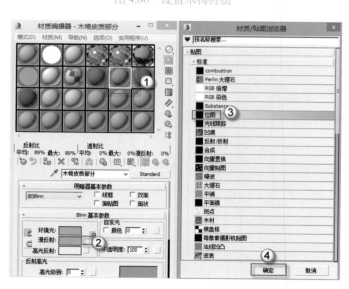

图 4.81　木椅材质的颜色选择　　　　　图 4.82　设置木椅皮质部分的材质

（28）设置木椅皮质部分的贴图。不勾选"使用真实世界比例"，在【瓷砖】下的【U】、【V】栏均输入"1"个单位，单击【视口中显示明暗处理材质】→【转到父对象】按钮，如图 4.84 所示。

（29）调整木椅皮质部分的贴图。单击【P】键进入透视图，选中木椅，单击【修改器列表】下拉菜单，选择"UVW 贴图"

修改器，如图 4.85 所示。单击【UVW 贴图】→【Gizmo】选择"长方体"选项，取消"真实世界贴图大小"的勾选，并调整【长度】、【宽度】、【高度】，如图 4.86 所示。根据此步骤将其余木椅皮质部分材质的贴图设置好。

（30）设置圆桌材质。选中"圆桌"材质球，单击【Standard】按钮，在弹出

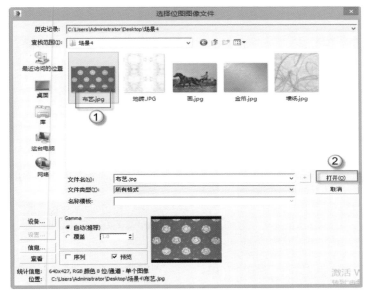

图 4.83　选择贴图文件

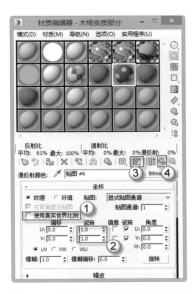

图 4.84　设置木椅皮质部分的贴图

图 4.85　添加修改器

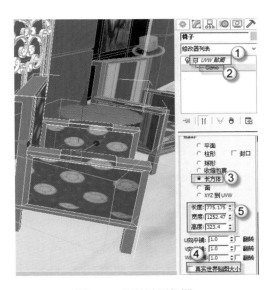

图 4.86　调整贴图位置

的【材质/贴图浏览器】对话框中，单击
【VRayMtl】→【确定】按钮，如图4.87
所示。单击【漫反射】后的颜色按钮，在
弹出的【颜色选择器】对话框中选择合适
的颜色，单击【确定】按钮，取消"菲涅
耳反射"的勾选，如图4.88所示。

（31）设置垃圾桶红棕色材质。选中
"垃圾桶红棕色"材质球，单击【Standard】
按钮，在弹出的【材质/贴图浏览器】对

话框中，单击【VRayMtl】→【确定】
按钮，如图4.89所示。单击【漫反射】
后的颜色按钮，在弹出的【颜色选择器】
对话框中选择合适的颜色，单击【确定】
按钮，取消"菲涅耳反射"的勾选，如图
4.90所示。

（32）设置垃圾桶米黄色材质。选中
"垃圾桶米黄色"材质球，单击【Standard】
按钮，在弹出的【材质/贴图浏览器】对

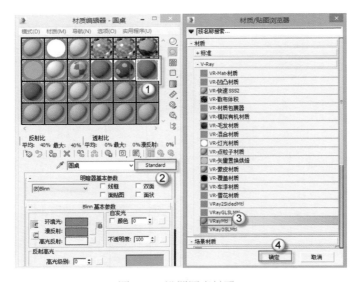

图 4.87　设置圆桌材质

图 4.88　圆桌材质的颜色设置

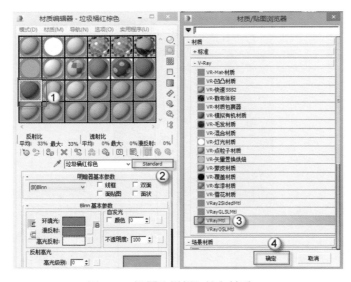

图 4.89　设置垃圾桶红棕色材质

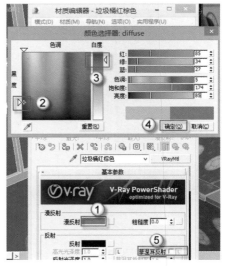

图 4.90　垃圾桶红棕色材质的颜色选择

话框中，单击【VRayMtl】→【确定】按钮，如图 4.91 所示。单击【漫反射】后的颜色按钮，在弹出的【颜色选择器】对话框中选择合适的颜色，单击【确定】按钮，取消"菲涅耳反射"的勾选，如图 4.92 所示。

4.2.2　输出正式效果图

正式效果图的参数是高级别参数，使用这种参数虽然渲染速度很慢，但是效果图的品质非常高，具体设置如下。

（1）取消覆盖材质。单击【F10】键，在弹出的"渲染设置"对话框中单击【V-Ray】选项卡，单击【全局开关】卷展栏，取消"覆盖材质"的勾选，如图 4.93 所示。

（2）图像采样器设置。单击【图像采样器（抗锯齿）】卷展栏，在【类型】栏中选择"自适应细分"选项，勾选"图像过滤器"，在【过滤器】栏中选择"Catmull-Rom"选项，如图 4.94 所示。

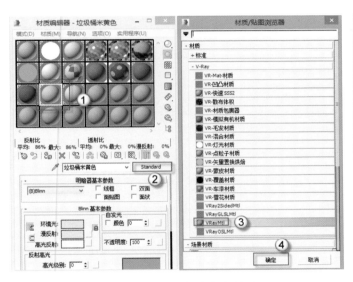

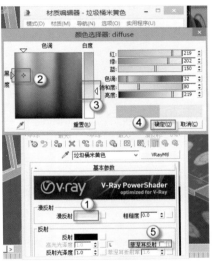

图 4.91　设置垃圾桶米黄色材质

图 4.92　垃圾桶米黄色材质的颜色选择

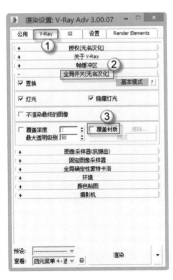

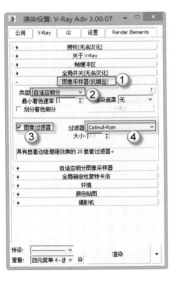

图 4.93　取消覆盖材质

图 4.94　图像采样器设置

（3）自适应细分图像采样器设置。单击【自适应细分图像采样器】卷展栏，分别在【最小速率】、【最大速率】栏输入"0""2"个单位，如图 4.95 所示。

（4）全局确定性蒙特卡洛及颜色贴图设置。单击【全局确定性蒙特卡洛】卷展栏，在【噪波阈值】栏中输入"0.002"个单位，在【最小采样】值栏中输入"15"个单位，如图 4.96 所示。

（5）发光图设置。单击【GI】选项卡，单击【发光图】卷展栏，在【最小速率】、

【最大速率】、【细分】、【插值采样】、【颜色阈值】、【法线阈值】栏中分别输入"-3""-1""50""35""0.4""0.2"个单位，如图 4.97 所示。

（6）灯光缓存设置。单击【灯光缓存】按钮，在【细分】、【采样大小】栏中分别输入"1000""0.02"个单位，如图 4.98 所示。

（7）帧缓冲区公用参数设置。单击【V-Ray】选项卡，单击【帧缓冲区】卷展栏，取消"启用内置帧缓冲区"的勾选，

在渲染正图时，灯光缓存的参数细分取 800~1200 个单位，且取值越大渲染图品质越好。具体参数值在附录中有详细介绍。

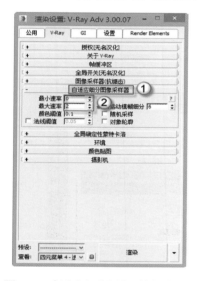

图 4.95　自适应细分图像采样器设置

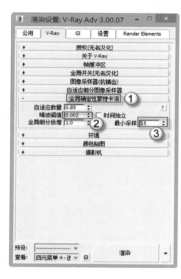

图 4.96　全局确定性蒙特卡洛设置

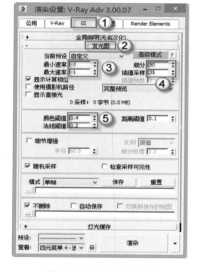

图 4.97　发光图设置

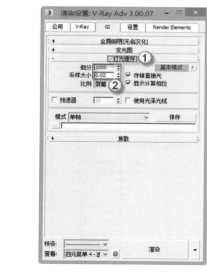

图 4.98　灯光缓存设置

图 4.99　帧缓冲区设置

如图 4.99 所示。单击【公用】选项卡，单击【公用参数】卷展栏，单击【图像纵横比】后的锁头，在【宽度】、【高度】栏分别输入"3000""2250"个单位，如图 4.100 所示。

（8）输出文件设置。在【公用参数】栏中向下滑动，单击【文件…】按钮，在弹出的【渲染输出文件】对话框中的【保存类型】栏选择"TIF 图像文件（*.tif,*.tiff）"选项，在【文件名】栏输入"电梯前室"字样，单击【设置】按钮，在弹出的【TIF 图像控制】对话框中，选择"8位彩色"和"存储 Alpha 通道"，单击【确定】按钮，如图 4.101 所示。

（9）正式渲染。按下【C】键进入摄影机视图，按下【F9】键进行渲染，在弹出的对话框中可看到渲染效果，如图 4.102 所示。

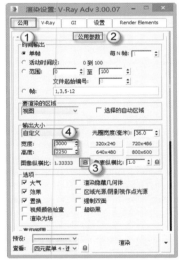

图 4.100　公用参数设置

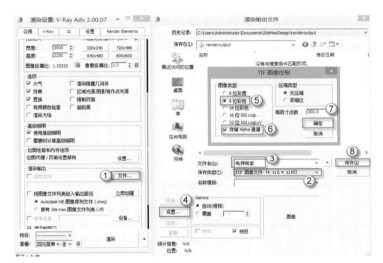

图 4.101　输出文件设置

图 4.102　正式渲染效果

本例选用的是一栋六层的住宅楼，二至五层楼层平面基本一致，可以使用复制楼层的方式生成。屋顶采用的是坡屋顶，并且有一些建筑细部特征需要表达。一、二层的墙体为石材，其余楼层的墙体为涂料。外立面有些玻璃门窗，会增加建筑的质感。

本章中主要介绍使用 3ds Max 的可编辑多边形建立室外建筑效果图。可编辑多边形建模方法的面数很精简，会节省后面的渲染时间。在本章中学完建模之后，第 6 章会介绍使用 V-Ray 渲染器对这个模型进行渲染。

5.1 绘制一层主体

本例介绍的是建筑阳光表现，模型的建立方法也是采用多边形建模的方式，首先在 AutoCAD 中将需要的各个图层进行精简整理，制作成图块，然后将整理好的 AutoCAD 图块导入到 3ds Max 中进行描绘，再转换为可编辑多边形进行建筑模型的具体绘制，具体方法如下。

5.1.1 导入 AutoCAD 图块

对 AutoCAD 图纸的精简整理，在前面的章节中已经做了介绍，这里不再重复。在启动 3ds Max 后，需要对其绘图环境进行设置，如系统单位、单位比例等。因为 3ds Max 在默认情况下使用英制单位，不符合要求，要将其转换为常用的毫米单位。

（1）设置单位。单击【自定义】→【单位设置】命令，在弹出的【单位设置】对话框中将【显示单位比例】改成【公制】的"毫米",如图 5.1 所示。单击【系统单位设置】按钮,在弹出的【系统单位设置】对话框将【系统单位比例】改为"1Unit=1.0 毫米",如图 5.2 所示。

（2）导入 AutoCAD 图块。单击【文件】→【导入】命令,在弹出的【选择要导入文件】对话框中,选择【文件类型】为"AutoCAD 图形（*.DWG,*.DXF）",

然后找到相应的 DWG 文件,单击【打开】按钮,导入文件后如图 5.3 所示。单击【图层】标签,将"0"图层前面的勾选取消,如图 5.4 所示。

（3）导入图形后,按下键盘上的【Z】键,将所有图形显示出来,效果如图 5.5 所示,显示了 AutoCAD 图形在 3ds Max 的各个视口中的具体位置,有了这张底图,建模时就有依据了。

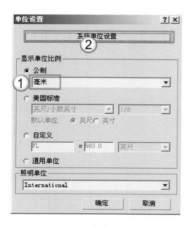

图 5.1　单位设置

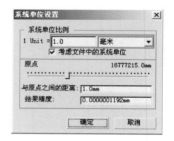

图 5.2　系统单位设置

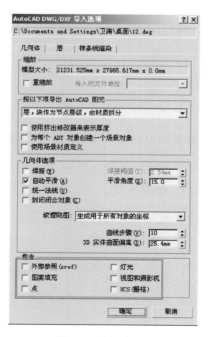

图 5.3　导入选项

图 5.4　选择图层

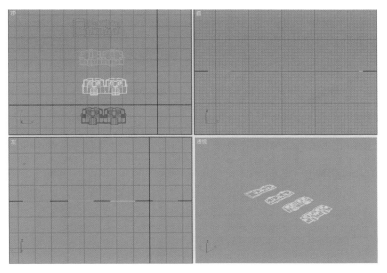

图 5.5 显示所有图形

5.1.2 建立一层建筑模型的主体结构

根据导入的 AutoCAD 一层平面图形，使用【线】工具，对一层平面的外轮廓进行描绘，然后对描绘的图形进行挤出、拉伸。这样一层建筑模型的主体结构就很容易被建立出来了，具体绘制方法如下。

（1）设置图层。在工具栏中单击【图层管理器】按钮，弹出【层】对话框。将"0(默认)"层设置为当前图层，将不需要的"中间层平面""阁楼层"和"屋顶层"隐藏起来，如图 5.6 所示。

（2）捕捉设置。在工具栏中单击【捕捉开关】按钮，或者按下键盘的【S】键，在弹出的【栅格和捕捉设置】对话框中，勾选"栅格点"选项和"顶点"选项，如图 5.7 所示。

（3）调整图形位置。选择一层平面图形，单击工具栏中的【选择并移动】按钮，或者按下键盘的【W】键，使用【移动】工具将图形右下角的点与顶视图的原点对齐，如图 5.8 所示。

（4）冻结图层。在工具栏中单击【图层管理器】按钮，在弹出的【层】对话框中，将"一层平面"冻结，将"中间层平面"显示出来，如图 5.9 所示。这时一层平面图形就被冻结，在视口中显示成灰色。

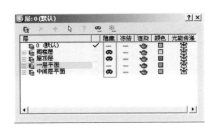

图 5.6 设置图层

图 5.7 捕捉设置

（5）捕捉冻结对象。右击【捕捉开关】按钮，在弹出的【栅格和捕捉设置】对话框中单击【选项】标签，勾选"捕捉到冻结对象"选项，如图 5.10 所示。然后按下键盘上的【S】键，打开捕捉。

（6）对齐各个图层。将显示出来的中间层平面图形，使用同样的方法，与一层平面图形对齐。以此类推，将阁楼层和

屋顶层都与一层平面对齐，如图 5.11 所示。

（7）画线。单击【创建】→【图形】→【线】命令，将其【初始类型】和【拖动类型】都设置为"角点"形式，如图 5.12 所示。然后沿着建筑的外轮廓进行勾勒描绘，将一层建筑的主体空间绘制出来，如图 5.13 所示。

（8）焊接。选择绘制的轮廓线，单

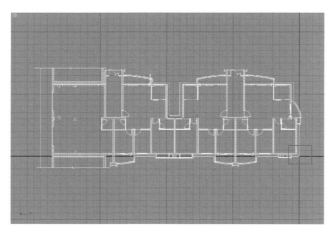

图 5.8　调整图形位置

图 5.9　冻结图层

图 5.10　捕捉冻结对象

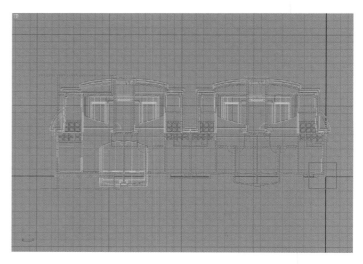

图 5.11　对齐图层

击【修改】按钮，在【修改】面板中进入对象的"顶点"次物体级，将各个顶点全部选择，在【修改】面板中的【几何体】卷展栏中，将【焊接】按钮旁的数值设置为"10"，然后单击【焊接】按钮。这样绘制图形的各个顶点就被焊接好了，如图

5.14 所示。

（9）挤出。选择焊接好的图形，单击【修改器列表】下拉列表框，选择【挤出】命令，设置挤出【数量】为"3900mm"，这样就得到了一层建筑模型的主体结构，如图 5.15 所示，并将对象的名称设置为"一层主体"。

（10）转化为可编辑多边形。右击建立的一层主体模型，选择【对象属性】命令，在弹出的【对象属性】对话框中，勾选"背面消隐"选项，如图 5.16 所示。再次右击对象，选择【转换为】→【转换为可编辑多边形】命令，将对象塌陷成多

图 5.12　设置线工具

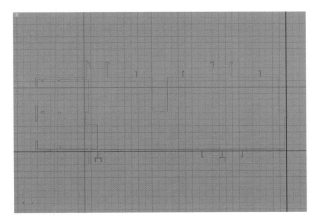

图 5.13　绘制外轮廓

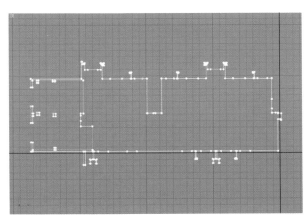

图 5.14　焊接

小贴士

在一个图形绘制完毕，要对其挤出、拉伸使之面化或者立体化之前，一定要对图形的各个顶点进行焊接。不然的话，图形就无法面化、立体化，或者会出错。

边形，便于精细建模。

（11）设置模型坐标。选择绘制的模型，按下键盘的【W】键，激活【移动】命令，在屏幕下方【Z】坐标栏中输入"–600mm"。即将模型沿着 z 轴方向向下移动了 600mm 的距离，如图 5.17 所

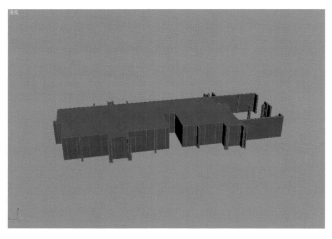

图 5.15　挤出

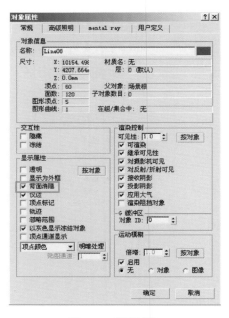

图 5.16　背面消隐

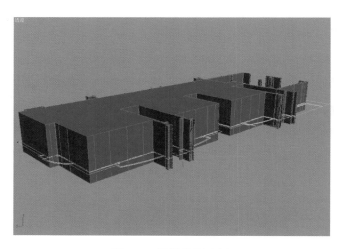

图 5.17　设置模型坐标

小贴士

本例中，建筑的基线标高并不是在 ±0.000 以上，而是在 ±0.000 以下 600mm 的位置。表示地坪面以下 600mm 的位置有建筑存在。这样设置了模型的坐标以后，就可以很方便地对照 AutoCAD 图纸，建立精细的模型。

示。

（12）赋予材质。选择模型，按下键盘的【M】键，弹出【材质编辑器】对

话框，如图 5.18 所示，选择一个材质球，设置其名称为"外墙"，调整【漫反射】颜色为白色，再将材质赋予模型。

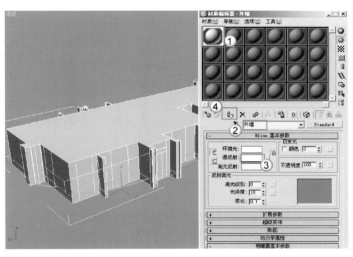

图 5.18　赋予外墙材质

在建立模型时，一边建模一边赋予材质，可以为后面的渲染做好准备工作。此时只需要用不同颜色将材质区分开来就可以了，不需要做过细的设置。材质的设置，要在渲染时再进行具体调整。

133

5.2　绘制门楼

门楼在建筑中是既有装饰作用又有实用功效的建筑部件。本例中在主入口的位置设计了一个门楼，造型别致新颖。门楼主要需要绘制的内容包括主入口的门 M-1、入口两侧的柱子以及弧形的挡雨棚。

5.2.1　绘制门 M-1

本例中主入口处的门 M-1 的尺寸为 1500mm×2100mm，因为主入口的地面比其他位置要高出 150mm 的距离，因此在绘制门之前要先将主入口的地面抬高。在主入口处绘制一个大小合适的矩形，然后将其进行挤出就可以了，具体操作方法如下。

（1）绘制主入口地面。单击【创建】→【图形】→【矩形】命令，按下键盘的【M】键，打开【2 维捕捉】，在顶视图中绘制

一个矩形，并将其挤出 150mm，如图 5.19 所示。

（2）赋予材质。选择矩形，按下键盘的【M】键，弹出【材质编辑器】对话框，如图 5.20 所示，选择一个材质球，设置其名称为"地面"，调整【漫反射】的颜色，将材质赋予模型。

（3）绘制门 M-1。选择一层主体模型，在【修改】面板的【选择】卷展栏中选择"边"次物体级，勾选"忽略背面"选项，如图 5.21 所示。

（4）选择边线。选择主入口 M-1 的两条边线，如图 5.22 所示。

（5）连接边。在【修改】面板中的【编辑边】卷展栏中，单击【连接】按钮旁的【设置】按钮，在弹出的【连接边】对话框中，将【分段】设置为"2"，即连接了两条边，如图 5.23 所示。

（6）移动边。选择下面的一条边，

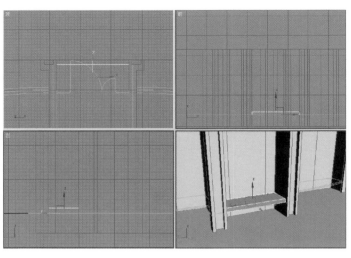

图 5.19 绘制主入口地面

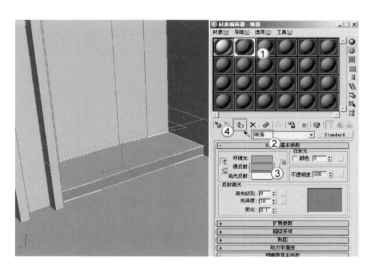

图 5.20 赋予材质

图 5.21 绘制门 M-1

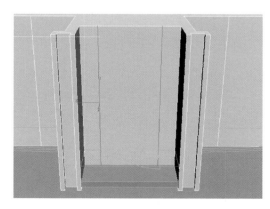

图 5.22 选择边线

按下键盘的【W】键，激活移动命令，设置z轴坐标为 -450mm。用同样的方法设置上面一条边的z轴坐标为2150mm。这样一个高2600mm的门的轮廓就绘制出来了，如图5.24所示。

（7）选择面。在【修改】面板的【选择】卷展栏中选择"多边形"次物体级，选择绘制的门面，如图5.25所示。

（8）挤出。在【修改】面板中的【编辑边】卷展栏中，单击【挤出】按钮旁的【设置】按钮，在弹出的【挤出多边形】对话框中，将【挤出高度】设置为"-80mm"，这样就得到了门洞，如图5.26所示。

（9）分离。保持选中的面不动，单击【编辑几何体】卷展栏中的【分离】按钮，在弹出的【分离】对话框中，将其命名为"M-1"，如图5.27所示。

（10）孤立。选择分离出来的面，使用键盘组合键【Alt】+【Q】键，将面孤立，如图5.28所示。孤立是为了方便操作，

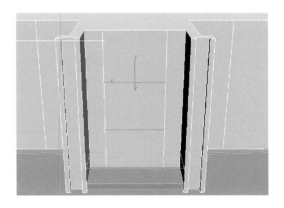

图 5.23　连接边

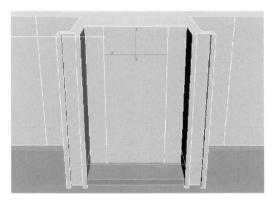

图 5.24　移动边

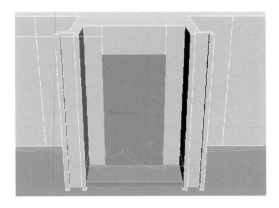

图 5.25　选择面

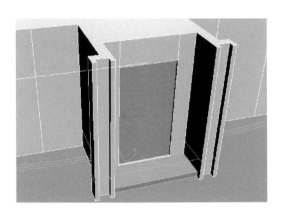

图 5.26　挤出面

图 5.27　分离

图 5.28　孤立

以避免不小心破坏了其他模型。

（11）选择边线。选择门的两条侧边，如图 5.29 所示。

（12）连接边。在【修改】面板中的【编辑边】卷展栏中，单击【连接】按钮旁的【设置】按钮，在弹出的【连接边】对话框中，将【分段】设置为"1"，即连接了一条边，如图 5.30 所示。

（13）移动边。选择连接出来的边，按下键盘的【W】键，激活【移动】命令，设置 z 轴坐标为 1700mm，如图 5.31 所示。边线为门头的分割线。

（14）选择边线。选择主入口 M-1 的两条边线，如图 5.32 所示。

（15）连接边。在【修改】面板中的【编辑边】卷展栏中，单击【连接】按钮旁的【设

置】按钮，在弹出的【连接边】对话框中，将【分段】设置为"1"，即连接了一条边，如图 5.33 所示。

（16）移动边。选择下面的一条边，按下键盘的【W】键，激活【移动】命令，设置 z 轴坐标为 1680mm。这样一个宽 20mm 的门缝就绘制出来了，如图 5.34 所示。

（17）选择面。在【修改】面板的【选择】卷展栏中选择"多边形"次物体级，选择绘制的门面上方的门头面域。

（18）插入。在【修改】面板中的【编辑边】卷展栏中，单击【插入】按钮旁的【设置】按钮，在弹出的【插入多边形】对话框中，将【插入量】设置为"50mm"，如图 5.35 所示。这样就得到了宽 50mm

图 5.29　选择边线

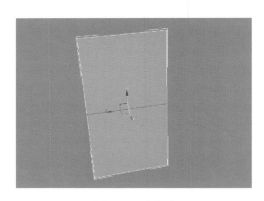

图 5.30　连接边

图 5.31　移动边

图 5.32　选择边

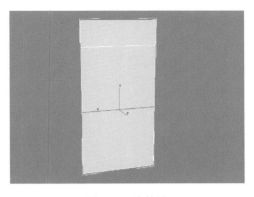

图 5.33　连接边

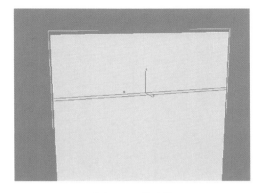

图 5.34　移动边

的门框，如图 5.36 所示。

（19）选择边线。如图 5.37 所示，选择门头下方的两条边线，在这两条边线中间进行连线。

（20）连接边线。在【修改】面板中的【编辑边】卷展栏中，单击【连接】按钮旁的【设置】按钮，在弹出的【连接边】对话框中，将【分段】设置为"2"，即连接了两条边，如图 5.38 所示。

（21）移动边。选择下面的一条边，

按下键盘的【W】键，激活【移动】命令，根据设计方案将两条边线移动到合适的位置，两边线间的距离为 20mm，如图 5.39 所示。

（22）选择面。在【修改】面板的【选择】卷展栏中选择"多边形"次物体级，选择绘制的左侧门面，如图 5.40 所示。

（23）插入。在【修改】面板中的【编辑边】卷展栏中，单击【插入】按钮旁的【设置】按钮，在弹出的【插入多边形】

图 5.35　选择面

图 5.36　插入

图 5.37　选择边线

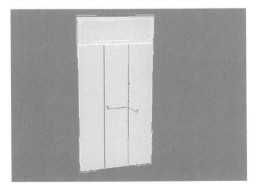

图 5.38　连接边线

图 5.39　移动边

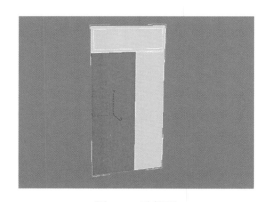

图 5.40　选择面

对话框中，将【插入量】设置为"50mm"，这样就得到了宽 50mm 的左侧门框，如图 5.41 所示。

（24）绘制右侧门框。使用同样的方法，选择右侧的门面，绘制右侧的门框，如图 5.42 所示。

（25）移除多余的边线。进入到"边"次物体级，选择门框边角处一条多余的边

线，在【修改】面板中的【编辑边】卷展栏中，单击【移除】按钮，或者按下键盘上的【Backspace】键，将边线移除。重复使用【移除】命令，将门框内多余的边线删除，如图 5.43 所示。

（26）选择面。在【修改】面板的【选择】卷展栏中选择"多边形"次物体级，选择绘制的门框面，如图 5.44 所示。

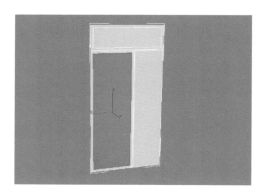

图 5.41　插入

图 5.42　绘制右侧门框

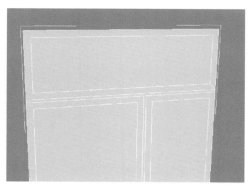

图 5.43　移除多余的边线

图 5.44　选择面

　　在移除边线时，注意不是删除，而是移除；在使用快捷键时，按键盘上的【Backspace】键是对的，如果按键盘上的【Delete】键就错了，会产生破面。

（27）挤出。在【修改】面板中的【编辑边】卷展栏中，单击【挤出】按钮旁的【设置】按钮，在弹出的【挤出多边形】对话框中，将【挤出高度】设置为"50mm"，这样就得到了厚 50mm 的门框，如图 5.45 所示。

（28）选择边。如图 5.46 所示，选择左侧门面内的两条边线，在这两条边线中间进行连线。

（29）连接边线。在【修改】面板中的【编辑边】卷展栏中，单击【连接】按钮旁的【设置】按钮，在弹出的【连接边】对话框中，将【分段】设置为"2"，即连接了两条边。然后使用【移动】命令，将连接出来的两条边线移动到门面上合适的位置，两边线之间的距离为 50mm，如图 5.47 所示，这样就绘制出了门面的分割线。最后使用【挤出】命令，将其挤出 50mm 的厚度。

（30）门框材质。选择门框的各个面，按下键盘的【M】键，弹出【材质编辑器】对话框，如图 5.48 所示，选择一个材质球，设置其名称为"门框"，调整【漫反射】颜色，再将材质赋予模型。

（31）玻璃材质。选择门框的各个面，按下键盘的【M】键，弹出【材质编辑器】对话框，如图 5.49 所示，选择一个材质球，设置其名称为"玻璃"，调整【漫反射】颜色和【不透明度】，再将材质赋予模型。这样 M-1 就绘制完毕了，退出孤立模式。

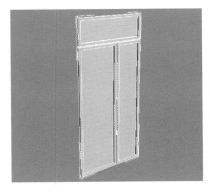

图 5.45　挤出门框

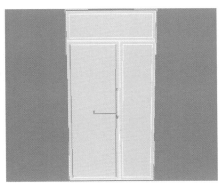

图 5.46　选择边

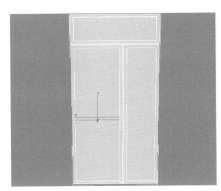

图 5.47　连接边线

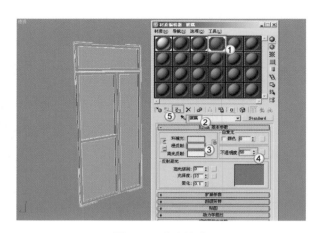

图 5.48　门框材质　　　　　　　　图 5.49　玻璃材质

5.2.2　绘制柱子

主入口两侧设置有凹形造型的柱子，柱子的下方有 600mm 高的柱墩。在拉伸模型时，下方的柱墩没有拉伸出来，这里需要在多边形内进行修改，使柱子达到设计所需要的造型。在修改时注意不要有破面，具体操作方法如下。

（1）修改主入口柱子。如图 5.50 所示，选择主入口柱子的侧面的各条边线，在边线中间进行连线。

（2）连接边线。在【修改】面板中的【编辑边】卷展栏中，单击【连接】按钮旁的【设置】按钮，在弹出的【连接边】对话框中，将【分段】设置为"1"，即连接了两条边。设置连接出的边线的 z 轴坐标为 0mm，

这样就形成了下面高 600mm 的柱子墩，如图 5.51 所示。

（3）选择面。在修改面板的【选择】卷展栏中选择"多边形"次物体级，如图 5.52 所示，选择绘制出的中间凹面。

（4）挤出。在【修改】面板中的【编辑边】卷展栏中，单击【挤出】按钮旁的【设置】按钮，在弹出的【挤出多边形】对话框中，将【挤出高度】设置为"150mm"，使其与两侧在同一个水平面上，如图 5.53 所示。

（5）删除面。进入到"多边形"次物体级下，选择边线下的左右两侧及中间的挤出面，将其删除，如图 5.54 所示，形成一个矩形的边界。

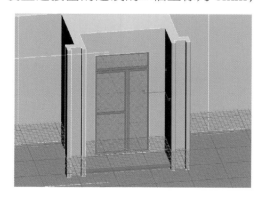

图 5.50　修改主入口柱子

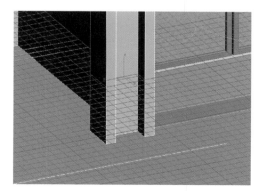

图 5.51　连接边线

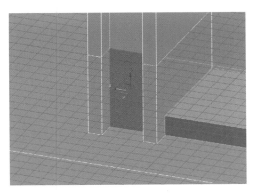

图 5.52　选择面

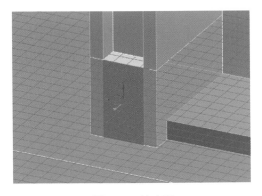

图 5.53　挤出面

（6）选择边界。进入到"边界"次物体级下，如图 5.55 所示，选择刚绘制的矩形边界。然后在【修改】面板中的【编辑边界】卷展栏中，单击【封口】按钮，将矩形边界进行封口。

（7）使用相同的方法，修改主入口

另一侧的柱子，得到如图 5.56 所示的修改后的柱子。

（8）赋予材质。选择门框的各个面，按下键盘的【M】键，弹出【材质编辑器】对话框，如图 5.57 所示，选择一个材质球，设置其名称为"石材"，调整【漫反射】

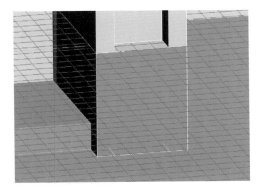

图 5.54　删除面

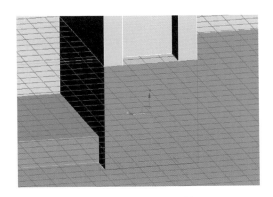

图 5.55　选择边界

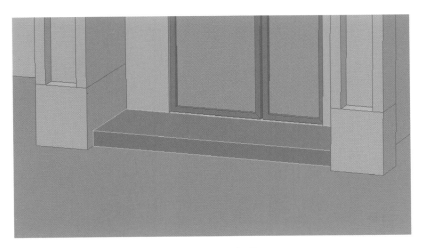

图 5.56　修改柱子

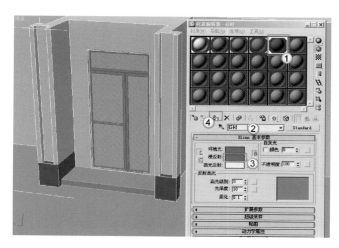

图 5.57 赋予材质

颜色，再将材质赋予模型。

5.2.3 绘制弧形挡雨棚

本例中主入口的上方设计了一个弧形的挡雨棚，绘制起来也很简单。首先在前视图主入口的位置使用【弧】工具绘制一根弧线，然后将其挤出成面，再转换为可编辑多边形对其进行编辑修改，具体操作如下。

（1）绘制弧线。使用【创建】→【多边线】→【弧】命令，在前视图主入口的位置绘制一条弧线，如图 5.58 所示。

（2）挤出。选择绘制的弧线，单击【修改器列表】下拉列表框，选择【挤出】命令，将弧线挤出 2750mm 的距离，如图 5.59 所示。

（3）转换为可编辑多边形。右击模型，选择【对象属性】命令，在弹出的【对象属性】对话框中，勾选"背面消隐"选项。再次右击对象，选择【转换为】→【转换为可编辑多边形】命令，将对象塌陷成多边形，便于精细建模。并将【选择】卷展栏中的"忽略背面"选项勾选，如图 5.60 所示。

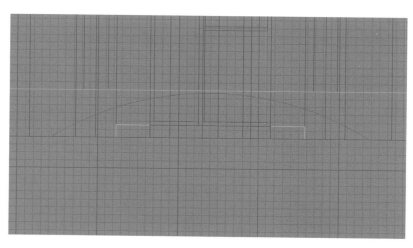

图 5.58 绘制弧线

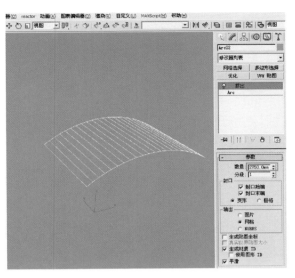

图 5.59　挤出

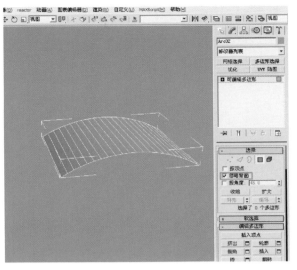

图 5.60　转换为可编辑多边形

（4）复制对象。进入到对象的"元素"次物体级，选择对象。按下键盘上的【W】键，激活【移动】命令，配合键盘上的【Shift】键，将对象向下移动复制一个，在弹出的【克隆部分网格】对话框中单击【确定】按钮，如图 5.61 所示，这样就复制了一个弧面。

（5）翻转面。调整两元素之间的距离，选择复制出来的元素，单击【翻转】按钮，将其面进行翻转，如图 5.62 所示。

（6）选择边界。进入到对象的"边界"次物体级，选择两元素的边界线，如图 5.63 所示。

（7）桥。单击【编辑边界】卷展栏下的【桥】按钮，得到如图 5.64 所示的封闭图形。

（8）这样弧形挡雨棚就绘制好了，根据设计方案调整其高度到门楼的合适位置。这样一个门楼就基本绘制完毕，使用同样的方法绘制另一个门楼。

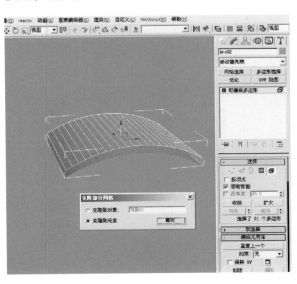

图 5.61　复制对象

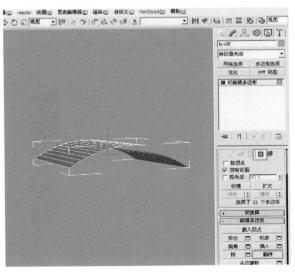

图 5.62　翻转面

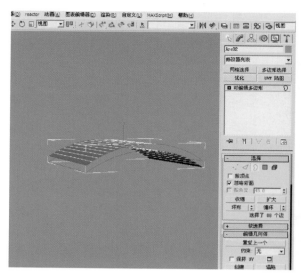

图 5.63　选择边界

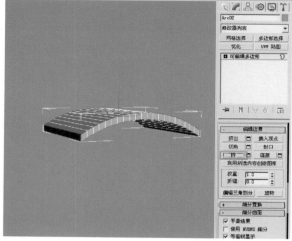

图 5.64　桥

5.3　绘制门窗

门窗占建筑立面的大部分面积，对于建立建筑模型而言，门窗建立好，那就已经完成了一大半的工作。建筑立面上的门窗，都是有规律可寻的，造型基本上都大同小异。建立时可以采用直接复制的方式，提高工作效率。

5.3.1　绘制门 M-6 和窗户 C-2

本例中，门 M-6 是一个位于阳台位置的推拉门，门的尺寸为 1800mm×

2700mm。窗户 C-2 的尺寸为 1500mm× 1700mm。模型中门窗的宽度已经有了，要确定门窗的轮廓还需要确定门窗的高度，具体绘制方法如下。

（1）选择边线。选择主入口 M-6 的两条边线，如图 5.65 所示。

（2）连接边。在【修改】面板中的【编辑边】卷展栏中，单击【连接】按钮旁的【设置】按钮，在弹出的【连接边】对话框中，将【分段】设置为"2"，即连接了两条边，如图 5.66 所示。

（3）移动边。选择下面的一条边，

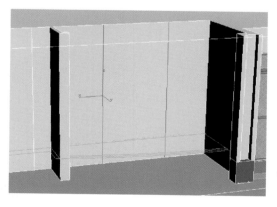

图 5.65　选择边线

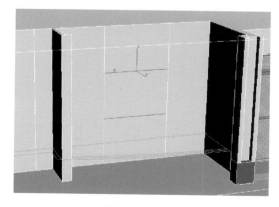

图 5.66　连接边

按下键盘的【W】键，激活【移动】命令，设置 z 轴坐标为"100mm"。选择上面的一条边，设置【Z】轴坐标为"2800mm"，如图 5.67 所示。这样就得到了门"M-6"的轮廓线。

（4）选择面。在【修改】面板的【选择】卷展栏中选择"多边形"次物体级，选择绘制的门面，如图 5.68 所示。

（5）挤出。在【修改】面板中的【编辑边】卷展栏中，单击【挤出】按钮旁的【设置】按钮，在弹出的【挤出多边形】对话框中，将【挤出高度】设置为"–80mm"，这样就得到了门洞，如图 5.69 所示。

（6）分离。保持选中的面不动，单击【编辑几何体】卷展栏中的【分离】按钮，在弹出的【分离】对话框中，将其命名为"M-6"，如图 5.70 所示。

（7）插入。选择分离出来的面，使

用键盘组合键【Alt】+【Q】键，将面孤立。在【修改】面板中的【编辑边】卷展栏中，单击【插入】按钮旁的【设置】按钮，在弹出的【插入多边形】对话框中，将【插入量】设置为"50mm"，这样就得到了门框，如图 5.71 所示。

（8）挤出门框。选择绘制的门框，在【修改】面板中的【编辑边】卷展栏中，单击【挤出】按钮旁的【设置】按钮，在弹出的【挤出多边形】对话框中，将【挤出高度】设置为"50mm"，这样就得到了门框的厚度，如图 5.72 所示。

（9）绘制门面上下分割线。选择门面上的左右两条侧边线，在【修改】面板中的【编辑边】卷展栏中，单击【连接】按钮旁的【设置】按钮，在弹出的【连接边】对话框中，将【分段】设置为"2"，即连接了两条边。并使用【移动】命令，配

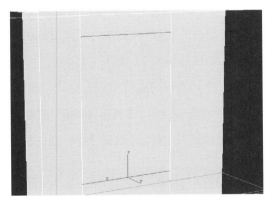

图 5.67　移动边

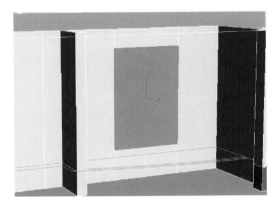

图 5.68　选择面

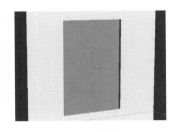

图 5.69　挤出

图 5.70　分离

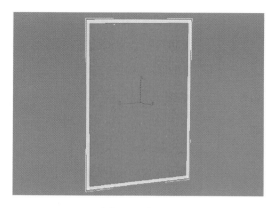

图 5.71 插入

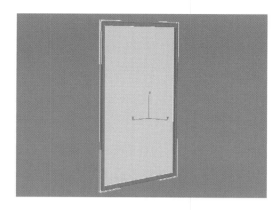

图 5.72 挤出门框

合【捕捉】命令，将连接出来的两条边线移动到门面上合适的位置，如图 5.73 所示，作为门的分割线。两线之间的距离为 20mm，即门缝的宽度。

（10）绘制门头窗扇分割线。选择门头上的上下两条侧边线，在修改面板中的【编辑边】卷展栏中，单击【连接】按钮旁的【设置】按钮，在弹出的【连接边】对话框中，将【分段】设置为"2"，即连接了两条边。并使用【移动】命令，配合【捕捉】命令，将连接出来的两条边线移动到合适的位置，如图 5.74 所示，作为门头窗扇的分割线。

（11）绘制窗框。进入到"多边形"次物体级，选择门头分割出来的三个面，

在【修改】面板中的【编辑边】卷展栏中，单击【插入】按钮旁的【设置】按钮，在弹出的【插入多边形】对话框中，将【插入量】设置为"30mm"，这样就得到了门头窗户窗框的造型，如图 5.75 所示。

（12）挤出窗框。进入到"多边形"次物体级，选择绘制出来的窗框面，在【修改】面板中的【编辑边】卷展栏中，单击【挤出】按钮旁的【设置】按钮，在弹出的【挤出多边形】对话框中，将【挤出高度】设置为"30mm"，这样就得到了窗框的厚度，如图 5.76 所示。

（13）绘制门扇分割线。选择门面上的上下两条侧边线，在【修改】面板中的【编辑边】卷展栏中，单击【连接】按钮旁的【设

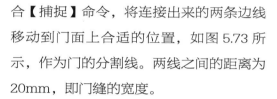

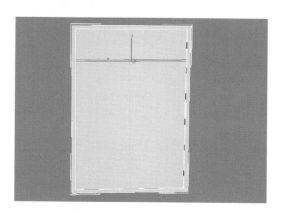

图 5.73 绘制门面上下分割线

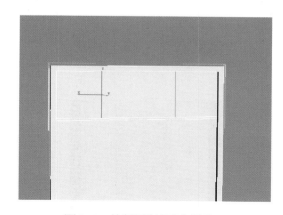

图 5.74 绘制门头窗扇分割线

图 5.75　绘制窗框

图 5.76　挤出窗框

置】按钮，在弹出的【连接边】对话框中，将【分段】设置为"3"，即连接了三条纵向边，如图 5.77 所示，作为门扇的分割线。

（14）绘制门框。进入到"多边形"次物体级，选择门头分割出来的三个面，在【修改】面板中的【编辑边】卷展栏中，单击【插入】按钮旁的【设置】按钮，在弹出的【插入多边形】对话框中，将【插入量】设置为"30mm"，这样就得到了门框的造型，如图 5.78 所示。

（15）挤出门框。进入到"多边形"次物体级，选择绘制出来的窗框面，在【修改】面板中的【编辑边】卷展栏中，单击【挤出】按钮旁的【设置】按钮，在弹出的【挤出多边形】对话框中，将【挤出高度】设

置为"30mm"，这样就得到了门框的厚度，如图 5.79 所示。

（16）赋予材质。进入到"多边形"次物体级，选择绘制出来的门框及窗框的各个面。按下键盘上的【M】键，调出【材质编辑器】面板，选择前面制作的"门框"材质，赋予门框。再选择制作的"玻璃"材质，赋予门面及门头玻璃，如图 5.80 所示。

（17）选择边线。选择主入口 C-2 的两条边线，如图 5.81 所示。

（18）连接边。在【修改】面板中的【编辑边】卷展栏中，单击【连接】按钮旁的【设置】按钮，在弹出的【连接边】对话框中，将【分段】设置为"2"，即连接了两条边。选择下面的一条边，按下键盘的【W】键，激活【移动】命令，设置【Z】

图 5.77　绘制门扇分割线

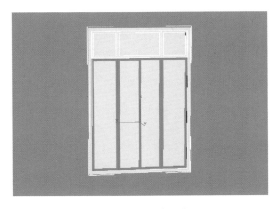

图 5.78　绘制门框

图 5.79　挤出门框

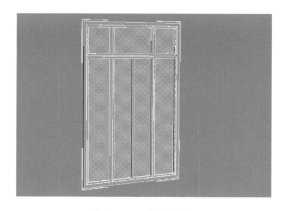

图 5.80　赋予材质

148

轴坐标为"1100mm"。选择上面的一条边线，设置【Z】轴坐标为"2800mm"，如图 5.82 所示。

（19）选择面。在【修改】面板的【选择】卷展栏中选择"多边形"次物体级，选择绘制的窗户面，如图 5.83 所示。

（20）挤出窗洞。在【修改】面板中的【编辑边】卷展栏中，单击【挤出】按钮旁的【设置】按钮，在弹出的【挤出多边形】对话框中，将【挤出高度】设置为"−80mm"，这样就得到了窗洞，如图 5.84 所示。

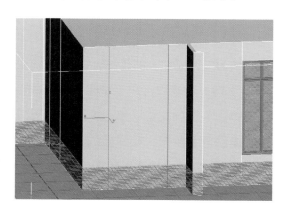

图 5.81　选择边线

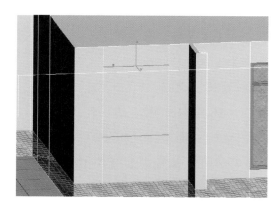

图 5.82　连接边

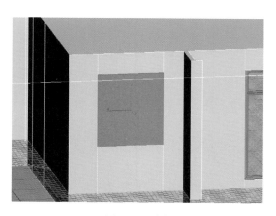

图 5.83　选择面

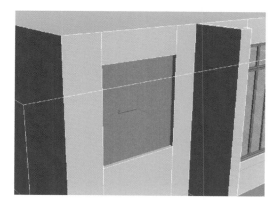

图 5.84　挤出窗洞

（21）分离。保持选中的面不动，单击【编辑几何体】卷展栏中的【分离】按钮，在弹出的【分离】对话框中，将其命名为"C-2"。选择分离出来的面，使用键盘组合键【Alt】+【Q】键，将面孤立，如图 5.85 所示。

（22）绘制窗框。进入"多边形"次物体级，在【修改】面板中的【编辑边】卷展栏中，单击【插入】按钮旁的【设置】按钮，在弹出的【插入多边形】对话框中，将【插入量】设置为"50mm"，这样就得到了外窗框的造型，如图 5.86 所示。

（23）选择边线。选择窗户面上下的两条边线，如图 5.87 所示。

（24）绘制窗扇分割线。在【修改】面板中的【编辑边】卷展栏中，单击【连接】按钮旁的【设置】按钮，在弹出的【连接边】对话框中，将【分段】设置为"1"，即连接了一条边。单击【切角】按钮旁的【设置】按钮，在弹出的【切角边】对话框中，设置【切角量】为"10mm"，如图 5.88 所示，得到窗扇之间的中缝宽。

（25）绘制窗框造型。进入到"多边形"次物体级，在【修改】面板中的【编

图 5.85　分离并孤立

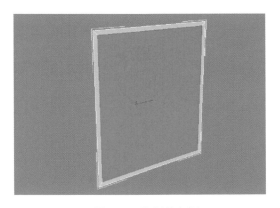

图 5.86　绘制外窗框

图 5.87　选择边

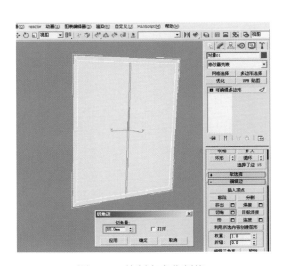

图 5.88　绘制窗扇分割线

辑边】卷展栏中，单击【插入】按钮旁的【设置】按钮，在弹出的【插入多边形】对话框中，将【插入量】设置为"30mm"，这样就得到了内侧窗框的造型，如图 5.89 所示。然后使用同样的方法，绘制右侧窗框的造型，如图 5.90 所示。

（26）选择面。在【修改】面板的【选择】卷展栏中选择"多边形"次物体级，选择绘制的外窗框面，如图 5.91 所示。

（27）挤出窗框。进入到"多边形"次物体级，选择绘制出来的窗框面，在【修改】面板中的【编辑边】卷展栏中，单击【挤出】按钮旁的【设置】按钮，在弹出的【挤出多边形】对话框中，将【挤出高度】设

置为"50mm"，这样就得到了外窗框的厚度，如图 5.92 所示。

（28）选择面。在【修改】面板的【选择】卷展栏中选择"多边形"次物体级，选择绘制的内侧窗框面，如图 5.93 所示。

（29）挤出内窗框。进入到"多边形"次物体级，选择绘制出来的窗框面，在【修改】面板中的【编辑边】卷展栏中，单击【挤出】按钮旁的【设置】按钮，在弹出的【挤出多边形】对话框中，将【挤出高度】设置为"30mm"，这样就得到了窗框的厚度，如图 5.94 所示。

（30）赋予材质。进入到"多边形"

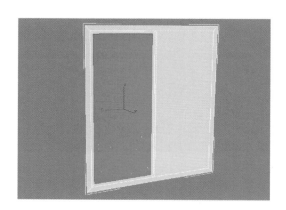

图 5.89　插入

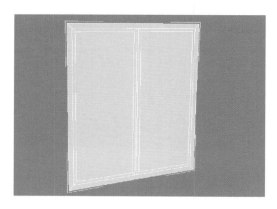

图 5.90　绘制窗框

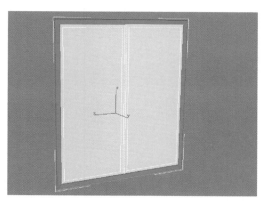

图 5.91　选择面

图 5.92　挤出窗框

图 5.93　选择面

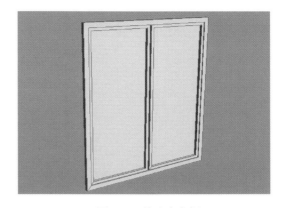

图 5.94　挤出内窗框

次物体级，选择绘制出来的窗框的各个面。按下键盘上的【M】键，调出【材质编辑器】面板，选择前面制作的"门框"材质，

赋予给窗框，如图 5.95 所示。

（31）选择边线。选择窗户 C-3 的两条边线，如图 5.96 所示。

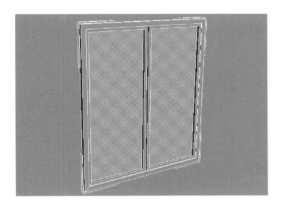

图 5.95　赋予材质

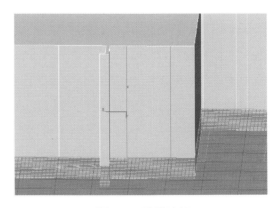

图 5.96　选择边线

5.3.2　绘制窗户 C-3

本例中，窗户 C-3 的尺寸为 1000mm×1700mm，和前面绘制窗户的方法一样，先确定窗户的大体轮廓，再在窗户面上进行窗框、窗扇等细部的绘制，同样要将其分离出来，以便于后面建模时加以利用，具体绘制方法如下。

（1）连接边。在【修改】面板中的【编辑边】卷展栏中，单击【连接】按钮旁的【设置】按钮，在弹出的【连接边】对话框中，将【分段】设置为"2"，即连接了两条边。

选择下面的一条边，按下键盘的【W】键，激活【移动】命令，设置【Z】轴坐标为"1100mm"。选择上面的一条边，设置【Z】轴坐标为"2800mm"，如图 5.97 所示。

（2）绘制窗洞。在【修改】面板的【选择】卷展栏中选择"多边形"次物体级，选择绘制的窗户面。单击【挤出】按钮旁的【设置】按钮，在弹出的【挤出多边形】对话框中，将【挤出高度】设置为"-80mm"，这样就得到了窗洞，如图 5.98 所示。

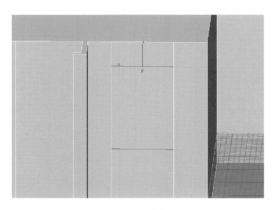

图 5.97　连接边

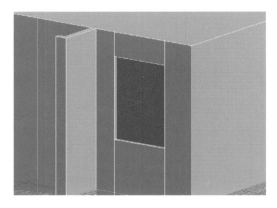

图 5.98　绘制窗洞

（3）绘制窗框。保持选中的面不动，单击【编辑几何体】卷展栏中的【分离】按钮，在弹出的【分离】对话框中，将其命名为"C-3"。选择分离出来的面，使用键盘组合键【Alt】+【Q】键，将面孤立。进入"多边形"次物体级，在【修改】面板中的【编辑边】卷展栏中，单击【插入】按钮旁的【设置】按钮，在弹出的【插入多边形】对话框中，将【插入量】设置为"50mm"，这样就得到了外窗框的造型，如图 5.99 所示。

（4）绘制窗扇分割线。在【修改】面板中的【编辑边】卷展栏中，单击【连接】按钮旁的【设置】按钮，在弹出的【连接边】对话框中，将【分段】设置为"1"，即连接了一条边。单击【切角】按钮旁的【设

置】按钮，在弹出的【切角边】对话框中，设置【切角量】为"10mm"，如图 5.100 所示，得到窗扇之间的中缝宽。

（5）绘制窗框。进入"多边形"次物体级，选择分割出的两窗扇面，在【修改】面板中的【编辑边】卷展栏中，单击【插入】按钮旁的【设置】按钮，在弹出的【插入多边形】对话框中，将【插入量】设置为"30mm"，这样就得到了外窗框的造型，如图 5.101 所示。

（6）挤出外窗框。选择绘制的外窗框面，在【修改】面板中的【编辑边】卷展栏中，单击【挤出】按钮旁的【设置】按钮，在弹出的【挤出多边形】对话框中，将【挤出高度】设置为"50mm"，这样就得到了窗洞，如图 5.102 所示。

图 5.99　绘制窗框

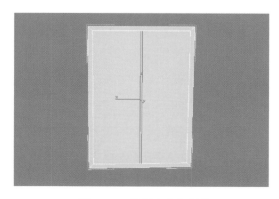

图 5.100　绘制窗扇分割线

图 5.101　绘制窗框

图 5.102　挤出外窗框

（7）挤出内窗框。选择绘制的内侧窗框面，在【修改】面板中的【编辑边】卷展栏中，单击【挤出】按钮旁的【设置】按钮，在弹出的【挤出多边形】对话框中，将【挤出高度】设置为"30mm"，这样就得到了窗洞，如图 5.103 所示。

（8）赋予材质。进入到"多边形"次物体级，选择绘制出来的窗框的各个面。按下键盘上的【M】键，调出【材质编辑器】面板，选择前面制作的"门框"材质，赋予给窗框。再选择制作的"玻璃"材质，赋予窗扇玻璃，如图 5.104 所示。

（9）连接边。在【修改】面板中的【编辑边】卷展栏中，单击【连接】按钮旁的【设置】按钮，在弹出的【连接边】对话框中，

将【分段】设置为"2"，即连接了两条边。选择下面的一条边，按下键盘的【W】键，激活【移动】命令，设置【Z】轴坐标为"1100mm"。选择上面的一条边，设置【Z】轴坐标为"2800mm"，如图 5.105 所示。

（10）绘制窗洞。在【修改】面板的【选择】卷展栏中选择"多边形"次物体级，选择绘制的窗户面。单击【挤出】按钮旁的【设置】按钮，在弹出的【挤出多边形】对话框中，将【挤出高度】设置为"−80mm"，这样就得到了窗洞，如图 5.106 所示。

（11）绘制窗框。保持选中的面不动，单击【编辑几何体】卷展栏中的【分离】按钮，在弹出的【分离】对话框中，将其

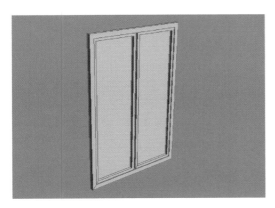

图 5.103　挤出内窗框

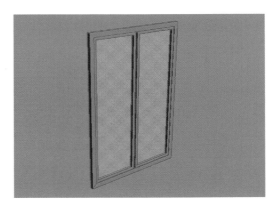

图 5.104　赋予材质

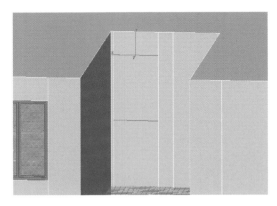

图 5.105　连接边

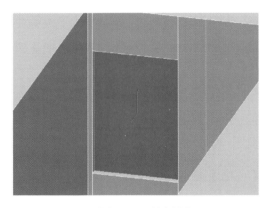

图 5.106　绘制窗洞

图 5.107　绘制窗框

命名为"C-4"。选择分离出来的面，使用键盘组合键【Alt】+【Q】键，将面孤立。进入"多边形"次物体级，在【修改】面板中的【编辑边】卷展栏中，单击【插入】按钮旁的【设置】按钮，在弹出的【插入

多边形】对话框中，将【插入量】设置为"50mm"，这样就得到了外窗框的造型，如图 5.107 所示。

（12）绘制窗扇分割线。在【修改】面板中的【编辑边】卷展栏中，单击【连接】按钮旁的【设置】按钮，在弹出的【连接边】对话框中，将【分段】设置为"1"，即连接了一条边。单击【切角】按钮旁的【设置】按钮，在弹出的【切角边】对话框中，设置【切角量】为"10mm"，如图 11.108 所示，得到窗扇之间的中缝宽。

（13）绘制窗框。进入"多边形"次物体级，选择分割出的两窗扇面，在【修改】面板中的【编辑边】卷展栏中，单击【插入】按钮旁的【设置】按钮，在弹出的【插入多边形】对话框中，将【插入量】设置为"30mm"，这样就得到了外窗框的造型，如图 5.109 所示。

（14）挤出外窗框。选择绘制的外窗框面，在【修改】面板中的【编辑边】卷展栏中，单击【挤出】按钮旁的【设置】按钮，在弹出的【挤出多边形】对话框中，将【挤出高度】设置为"50mm"，这样就得到了外侧窗框的厚度。选择绘制的内侧窗框面，用同样的方法，将【挤出高度】设置为"30mm"，这样就得到了内侧窗框的厚度，如图 5.110 所示。

（15）赋予材质。进入到"多边形"次物体级，选择绘制出来的窗框的各个面。按下键盘上的【M】键，调出【材质编辑器】面板，选择前面制作的"门框"材质，赋予窗框。再选择制作的"玻璃"材质，赋予窗扇玻璃，如图 5.111 所示。

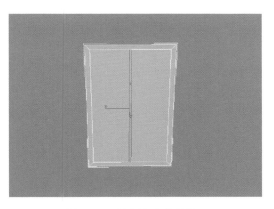

图 5.108　绘制窗扇分割线

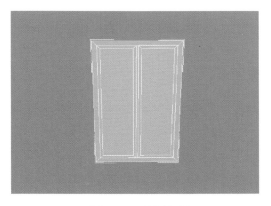

图 5.109　绘制窗框

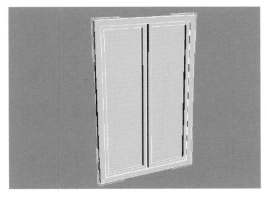

图 5.110　挤出窗框

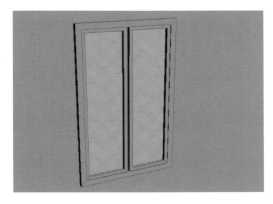

图 5.111　赋予材质

5.3.3　绘制凸窗

本例中的窗户 C-1 是一个凸窗。窗户下方是放置空调的位置，外部造型为百叶造型。在建模时本例将上下作为一个整体一起建立。窗户 C-1 的整体尺寸为 2000mm×3300mm。

（1）选择边。旋转模型到背面，选择窗户 C-1 的两条侧边线，如图 5.112 所示。

（2）连接边。在【修改】面板中的【编辑边】卷展栏中，单击【连接】按钮旁的【设置】按钮，在弹出的【连接边】对话框中，将【分段】设置为"2"，即连接了两条边。选择下面的一条边，按下键盘的【W】键，激活【移动】命令，设置【Z】轴坐标为"−400mm"。选择上面的一条边，设置

【Z】轴坐标为"2900mm"，如图 5.113 所示。

（3）绘制凸窗。在【修改】面板的【选择】卷展栏中选择"多边形"次物体级，选择绘制的窗户面。单击【挤出】按钮旁的【设置】按钮，在弹出的【挤出多边形】对话框中，将【挤出高度】设置为"350mm"，这样就得到了凸窗，如图 5.114 所示。

（4）分离。选择凸窗左右两侧的两个面及前面的一个面，单击【编辑几何体】卷展栏中的【分离】按钮，在弹出的【分离】对话框中，将其命名为"C-1"。选择分离出来的面，使用键盘组合键【Alt】+【Q】键，将面孤立，如图 5.115 所示。

156

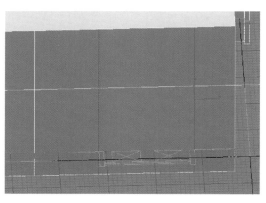

图 5.112　选择边

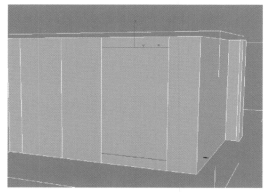

图 5.113　连接边

图 5.114　绘制凸窗

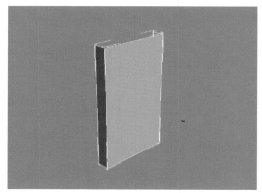

图 5.115　分离

（5）选择边线。选择窗户 C-1 的各个侧边线，如图 5.116 所示。

（6）连接边。在【修改】面板中的【编辑边】卷展栏中，单击【连接】按钮旁的【设置】按钮，在弹出的【连接边】对话框中，将【分段】设置为"4"。选择下面的一组边线，按下键盘的【W】键，激活【移动】命令，设置【Z】轴坐标为"-300mm"。依次由下往上选择边线，设置其【Z】轴坐标分别为"500mm""600mm""2800mm"，如图 5.117 所示。

（7）绘制窗沿。进入到"多边形"次物体级，选择如图 5.118 所示的面，在【修改】面板中的【编辑边】卷展栏中，单击【挤出】按钮旁的【设置】按钮，在弹出的【挤出多边形】对话框中，将"挤出高度"设置为"150mm"，【挤出类型】选择"局部法线"选项，这样就得到了窗沿的造型。

（8）绘制窗框。选择凸窗上面的三个面，在【修改】面板中的【编辑边】卷展栏中，单击【插入】按钮旁的【设置】按钮，在弹出的【插入多边形】对话框中，将【插入量】设置为"50mm"，这样就得到了窗框的造型，如图 5.119 所示。

（9）绘制窗扇横向分割线。选择窗户的各个侧边线，在【修改】面板中的【编辑边】卷展栏中，单击【连接】按钮旁的【设置】按钮，在弹出的【连接边】对话框中，将【分段】设置为"1"。然后单击【切角】

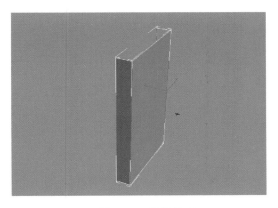

图 5.116　选择边线

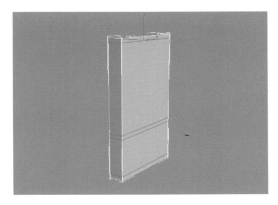

图 5.117　连接边

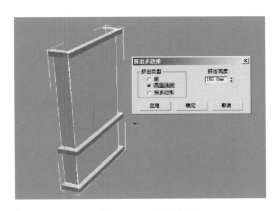

图 5.118　绘制窗沿

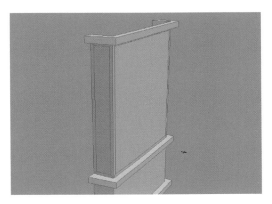

图 5.119　绘制窗框

按钮，设置【切角量】为"10mm"。按下键盘的【W】键，激活【移动】命令，调整分割线的位置，如图 5.120 所示。

（10）绘制窗扇纵向分割线。选择凸窗正面窗户的两条侧边线，在【修改】面板中的【编辑边】卷展栏中，单击【连接】按钮旁的【设置】按钮，在弹出的【连接边】对话框中，将【分段】设置为"1"。然后单击【切角】按钮，设置【切角量】为"10mm"，如图 5.121 所示。

（11）绘制窗框。进入"多边形"次物体级，选择绘制的各个窗扇面，在【修改】面板中的【编辑边】卷展栏中，单击【插入】按钮旁的【设置】按钮，在弹出的【插入多边形】对话框中，将【插入量】设置

为"30mm"，这样就得到了窗框的造型，如图 5.122 所示。

（12）挤出窗框。选择绘制的外窗框面，在【修改】面板中的【编辑边】卷展栏中，单击【挤出】按钮旁的【设置】按钮，在弹出的【挤出多边形】对话框中，将【挤出高度】设置为"50mm"。用同样的方法，选择内窗框面，将【挤出高度】设置为"30mm"，这样就得到了窗框的模型，如图 5.123 所示。

（13）绘制分割线。选择各个侧边，在【修改】面板中的【编辑边】卷展栏中，单击【连接】按钮旁的【设置】按钮，在弹出的【连接边】对话框中，将【分段】设置为"6"。单击【切角】按钮旁的【设

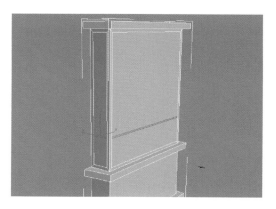

图 5.120　绘制窗扇横向分割线

图 5.121　绘制窗扇纵向分割线

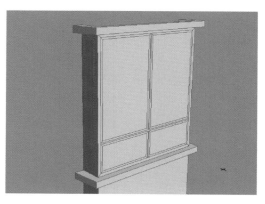

图 5.122　绘制窗框

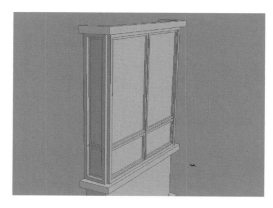

图 5.123　挤出窗框

置】按钮，在弹出的【切角边】对话框中，设置【切角量】为"50mm"，如图 5.124 所示。

（14）连接线。分别选择最上面和最下面的几条侧边，单击使用【连接】命令，在侧边内连接一条线，然后使用【移动】命令，调整其位置与距离，得到如图 5.125 所示的造型线。

（15）挤出造型。进入"多边形"次物体级，选择切角出来的面，在【修改】面板中的【编辑边】卷展栏中，单击【挤出】按钮旁的【设置】按钮，在弹出的【挤出多边形】对话框中，将【挤出高度】设置为"-50mm"，得到如图 5.126 所示的造型。

（16）赋予材质。进入到"多边形"

次物体级，选择绘制出来的窗框及下方造型的各个面。按下键盘上的【M】键，调出【材质编辑器】面板，选择前面制作的"门框"材质，赋予窗框。再选制作的"玻璃"材质，赋予窗扇玻璃，如图 5.127 所示。

（17）连接边。选择窗户的两条侧边线，在【修改】面板中的【编辑边】卷展栏中，单击【连接】按钮旁的【设置】按钮，在弹出的【连接边】对话框中，将【分段】设置为"2"，即连接了两条边。选择下面的一条边，按下键盘的【W】键，激活【移动】命令，设置【Z】轴坐标为"500mm"。选择上面的一条边设置【Z】轴坐标为"2900mm"，如图 5.128 所示。

（18）绘制凸窗。在【修改】面板的

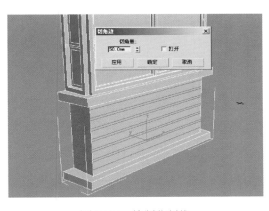

图 5.124　绘制分割线

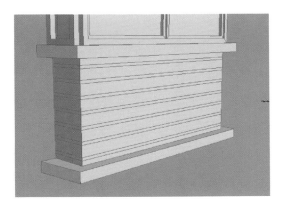

图 5.125　连接线

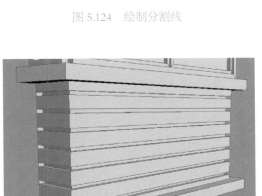

图 5.126　挤出造型

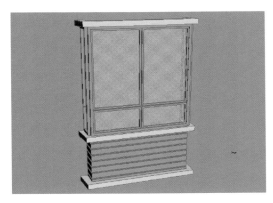

图 5.127　赋予材质

【选择】卷展栏中选择"多边形"次物体级，选择绘制的窗户面。单击【挤出】按钮旁的【设置】按钮，在弹出的【挤出多边形】对话框中，将【挤出高度】设置为"350mm"，这样就得到了凸窗，如图 5.129 所示。

（19）分离。选择凸窗左右两侧的两个面及前面的一个面，单击【编辑几何体】卷展栏中的【分离】按钮，在弹出的【分离】对话框中，将其命名为"C-1"。选择分离出来的面，使用键盘组合键【Alt】+【Q】键，将面孤立，如图 5.130 所示。

（20）连接边。选择各个侧边线，在【修改】面板中的【编辑边】卷展栏中，单击【连接】按钮旁的【设置】按钮，在

弹出的【连接边】对话框中，将【分段】设置为"2"。选择下面的一组边线，按下键盘的【W】键，激活【移动】命令，调整边线的位置，如图 5.131 所示。

（21）绘制分割线。选择上下两条边线，在【修改】面板中的【编辑边】卷展栏中，单击【连接】按钮旁的【设置】按钮，在弹出的【连接边】对话框中，将【分段】设置为"2"，如图 5.132 所示。

（22）绘制窗框。选择左右两边的两个面，在【修改】面板中的【编辑边】卷展栏中，单击【插入】按钮旁的【设置】按钮，在弹出的【插入多边形】对话框中，将"插入量"设置为"50mm"。用同样的方法选择中间的面，将其【插入量】设

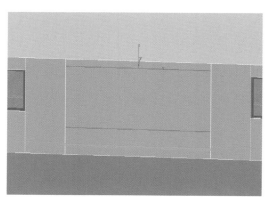

图 5.128　连接边

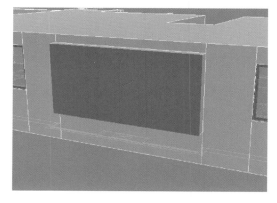

图 5.129　绘制凸窗

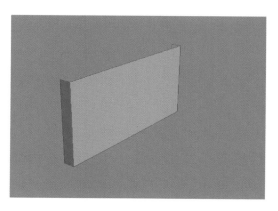

图 5.130　分离

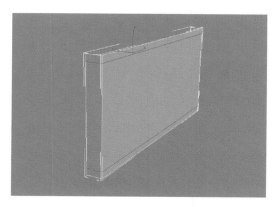

图 5.131　连接边

置为"100mm"，如图 5.133 所示。

（23）绘制窗扇分割线。用同样的方法分别选择上下两条边线和左右两条边线，使用【连接】命令连接两线，绘制出如图 5.134 所示的窗扇分割线。

（24）绘制窗框。选择绘制的各个窗扇面，在【修改】面板中的【编辑边】卷展栏中，单击【插入】按钮旁的【设置】按钮，在弹出的【插入多边形】对话框中，将【插入量】设置为"30mm"，得到如图 5.135 所示窗框造型。

（25）绘制右侧窗户造型。两侧的窗户造型是一样的，使用和前面相同的绘制方法，将右侧的窗户造型绘制出来，如图 5.136 所示。

（26）挤出窗框。选择绘制的外窗框面，在修改面板中的【编辑边】卷展栏中，单击【挤出】按钮旁的【设置】按钮，在弹出的【挤出多边形】对话框中，将【挤出高度】设置为"50mm"。用同样的方法，选择内窗框面，将【挤出高度】设置为"30mm"，这样就得到了窗框的模型，如图 5.137 所示。

（27）绘制造型。选择各个侧边，在【修改】面板中的【编辑边】卷展栏中，单击【连接】按钮旁的【设置】按钮，在弹出的【连接边】对话框中，将【分段】设置为"16"。单击【切角】按钮旁的【设置】按钮，在弹出的【切角边】对话框中，设置【切角量】为"50mm"。进入"多

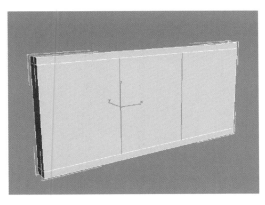

图 5.132　绘制分割线

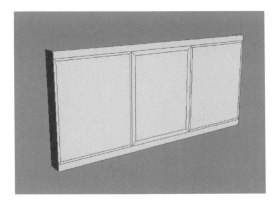

图 5.133　绘制窗框

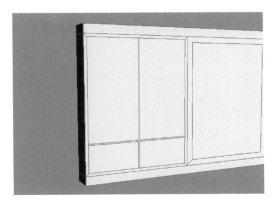

图 5.134　绘制窗扇分割线

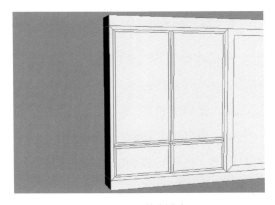

图 5.135　绘制窗框

图 5.136　绘制右侧窗户造型

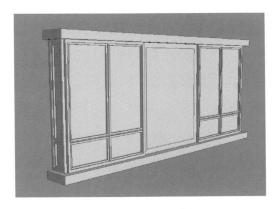

图 5.137　挤出窗框

边形"次物体级，选择切角出来的面，在【修改】面板中的【编辑边】卷展栏中，单击【挤出】按钮旁的【设置】按钮，在弹出的【挤出多边形】对话框中，将【挤出高度】设置为"−50mm"，得到如图 5.138 所示的造型。

（28）赋予材质。进入"多边形"次物体级，选择绘制出来的窗框及下方造型的各个面。按下键盘上的【M】键，调出【材质编辑器】面板，选择前面制作的"门框"材质，赋予窗框。再选择制作的"玻璃"材质，赋予窗扇玻璃，如图 5.139 所示。

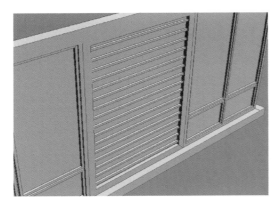

图 5.138　绘制造型

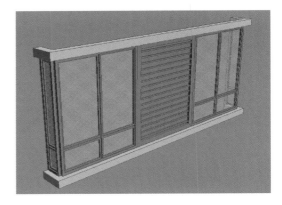

图 5.139　赋予材质

5.3.4　绘制窗洞

当基本类型的门窗建立完成后，剩下的门窗就可以直接复制利用了。在移动复制之前，还需要将各个门窗的具体位置确定出来，所以需要绘制门窗洞，并将多余的面删除。在移动复制的过程中还要配合捕捉功能，注意对齐。

（1）连接边。选择门 M-6 的两条边线，在【修改】面板中的【编辑边】卷展栏中，单击【连接】按钮旁的【设置】按钮，在弹出的【连接边】对话框中，将【分段】设置为"2"，即连接了两条边。选择下面的一条边，按下键盘的【W】

键，激活【移动】命令，设置【Z】轴坐标为"1100mm"。选择上面的一条边，设置【Z】轴坐标为"2800mm"，如图 5.140 所示。

（2）绘制门洞。在【修改】面板的【选择】卷展栏中选择"多边形"次物体级，选择绘制的门面。单击【挤出】按钮旁的【设置】按钮，在弹出的【挤出多边形】对话框中，将【挤出高度】设置为"-80mm"。然后将中间的面删除，这样就得到了 M-6 的门洞，如图 5.141 所示。

（3）复制门。在顶视图中，选择前面制作的门 M-6 的模型，按下键盘上的

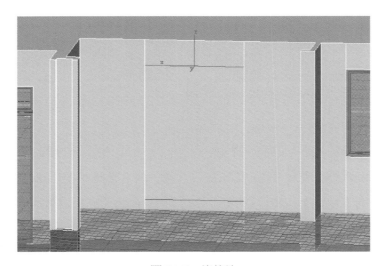

图 5.140　连接边

【W】键，激活【移动】命令，将门 M-6 移动复制一个。弹出如图 5.142 所示的【克隆选项】对话框，勾选"实例"，设置【副本数】为"1"。

（4）对齐。按下键盘上的【S】键，打开【2 维捕捉】，使用【移动】工具，将复制出来的门，与平面图上的门的位置进行对齐，如图 5.143 所示。对齐后在透视图中的显示效果如图 5.144 所示。

（5）复制门窗。与上面一样，在模型上先把门窗洞绘制出来，然后将相应的门窗移动复制到模型上相对应的门窗位置，最终得到如图 5.145～图 5.148 所示的效果。

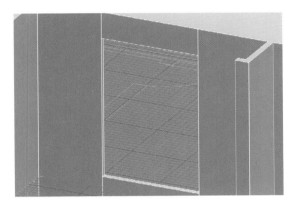

图 5.141 绘制门洞

图 5.142 克隆选项

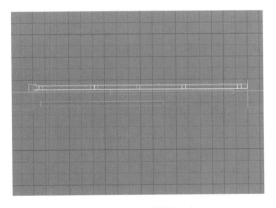

图 5.143 位置对齐

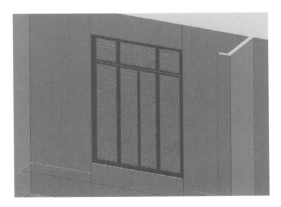

图 5.144 显示效果

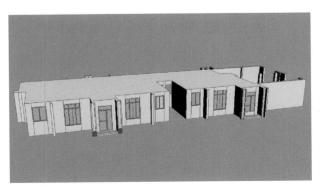

图 5.145 ㉒-①立面

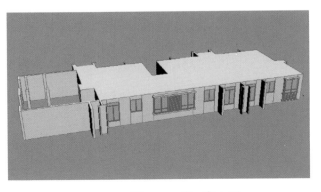

图 5.146 ①-㉒立面

图 5.147　Ⓐ-Ⓔ立面　　　　　图 5.148　Ⓔ-Ⓐ立面

5.4　绘制阳台

在钢筋水泥筑就的单元楼里，最接近自然的空间就是阳台。它是人们接触阳光、亲近自然、享受生活的特殊空间。本例中的阳台类型为凸阳台，也就是以向外伸出的悬挑板、悬挑梁板作为阳台的地面，再由各式各样的围板、围栏组成一个半室外空间。空间比较独立，能够灵活布局。

制作阳台模型需要绘制的内容包括阳台地面及阳台外的护栏。

5.4.1　绘制阳台地面

本例中的阳台为弧形造型，绘制时，先配合【捕捉】命令，在顶视图中根据平面图绘制出阳台的大体轮廓线，再将其转换为可编辑的多边形，进行造型上的修改处理，具体绘制方法如下。

（1）绘制阳台造型轮廓。按下键盘上的【S】键，打开【2维捕捉】。单击【创建】→【图形】→【弧】命令，将"开始新图形"选项的勾选取消，然后在平面图上绘制一条弧线。再使用【线】工具，描绘出阳台造型的轮廓，如图 5.149 所示。

（2）挤出阳台。单击【修改器列表】下拉列表框，选择【挤出】命令，将绘制的阳台轮廓挤出 100mm 的距离，如图 5.150 所示。然后使用【移动】工具，将阳台移动到合适的位置。

（3）插入。选择绘制的阳台，将阳台转换为可编辑多边形。进入"多边形"次物体级，选择阳台的底面，使用【插入】命令，将底面向内插入 100mm 的距离，如图 5.151 所示。

（4）挤出。保持选择的面不动，使用【挤出】命令，将面向下挤出 200mm 的距离，得到如图 5.152 所示的造型。

（5）插入。进入"多边形"次物体级，选择阳台的顶面，使用【插入】命令，将顶面向内插入 100mm 的距离，如图 5.153 所示。

（6）挤出。保持选择的面不动，使用【挤出】命令，将面向上挤出 100mm 的距离，得到如图 5.154 所示的造型。

（7）选择面。进入"多边形"次物体级，如图 5.155 所示，选择阳台内侧上下两个面。然后使用【挤出】命令，将其向外挤出 100mm 的距离，使之与中间的面平齐。

（8）使用相同的方法，将阳台两个侧面，也修改成如图 5.156 所示的造型，使各个面在同一个水平面上。

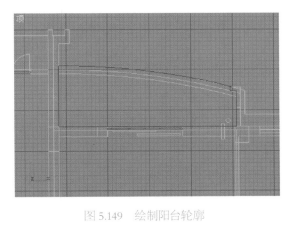

图 5.149　绘制阳台轮廓

图 5.150　挤出阳台

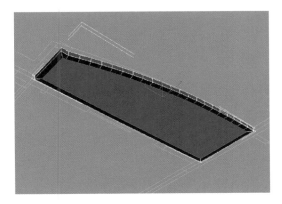

图 5.151　插入底面

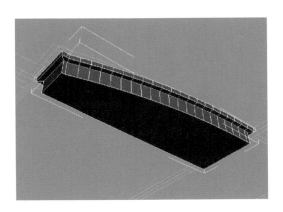

图 5.152　挤出底面

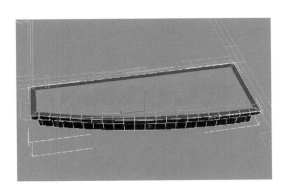

图 5.153　插入顶面

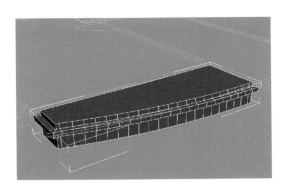

图 5.154　挤出顶面

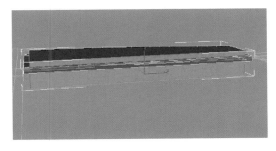

图 5.155　选择面

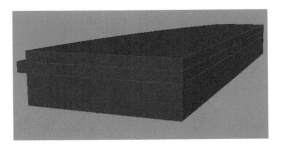

图 5.156　修改侧面

5.4.2 绘制栏杆

栏杆的绘制方法有很多种，本例中使用的绘制方法是先绘制出阳台栏杆的轮廓线，然后将其挤出一定的高度，再转换为可编辑多边形。绘制时，先在平面上整体绘制出栏杆的造型轮廓，然后再挤出成形，具体绘制方法如下。

（1）绘制弧线。按下键盘上的【S】键，打开【2.5 维捕捉】。单击【创建】→【图形】，使用【弧】工具，然后在平面图上绘制一条弧线，即栏杆的轮廓线，如图 5.157 所示。

（2）挤出栏杆。选择绘制的弧形，单击【修改器列表】下拉列表框，选择【挤出】命令，将绘制的阳台轮廓挤出 1000mm 的距离，如图 5.158 所示。

（3）绘制栏杆造型。将挤出的栏杆转换为可编辑多边形，进入到"边"次物体级，选择栏杆纵向的各条边线，使用【连接】命令，在栏杆上连接出 5 条造型线，并使用【移动】工具，将其移动到合适的位置，如图 5.159 所示。

（4）修改造型。进入到"边"次物体级，选择多余的边线，单击【移除】按钮，或者按下键盘上的【Backspace】键，将多余的线删掉，得到如图 5.160 所示的栏杆造型。

（5）切角。进入"边"次物体级，选择纵向的边线，两侧的边线不选。单击【切角】按钮，在弹出的【切角边】对话框中，设置【切角量】为"20mm"，得到如图 5.161 所示的栏杆造型。

（6）挤出。进入到"多边形"次物体级，选择绘制的栏杆造型面，使用【挤出】命令，将其向外挤出 100mm 的距离。然后将多余的面进行删除，得到如图 5.162 所示的栏杆造型。

（7）赋予材质。选择栏杆的各个面，按下键盘的【M】键，弹出【材质编辑器】对话框，如图 5.163 所示，选择一个材质球，设置其名称为"栏杆"，调整【漫反射】颜色，再将材质赋予模型。

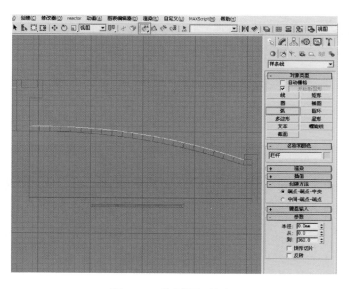

图 5.157　绘制栏杆轮廓

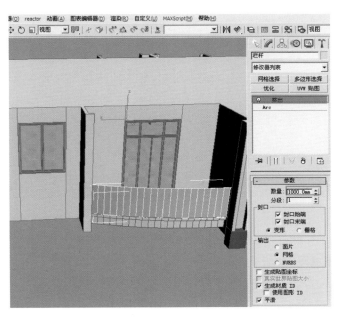

图 5.158　挤出栏杆

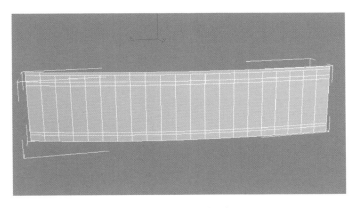

图 5.159　绘制栏杆造型

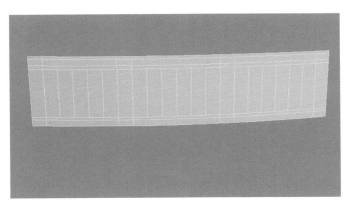

图 5.160　修改栏杆造型

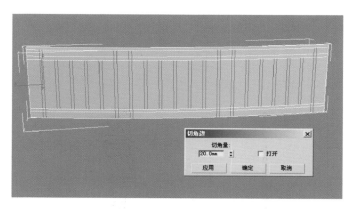

图 5.161　切角

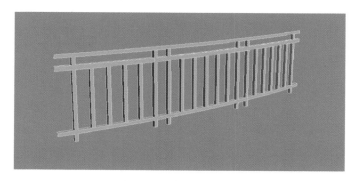

图 5.162　挤出栏杆

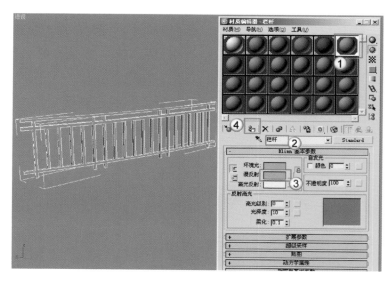

图 5.163　赋予材质

（8）成组。选择绘制的阳台和栏杆，单击菜单栏上的【组】→【成组】命令，在弹出的【组】对话框中，将其命名为"阳台"，如图 5.164 所示。

（9）镜像复制。在顶视图中，选择制作的阳台组件，单击工具栏上的【镜像】按钮。在弹出的【镜像：屏幕坐标】对话框中，设置【镜像轴】为"X"，【克隆当前选择】为"实例"方式，设置完成后单击【确定】，如图 5.165 所示。

（10）对齐。配合【捕捉】命令，将复制的阳台放置到模型中对应的位置，

如图 5.166 所示。

（11）其他两个阳台的绘制步骤与方法与此相同，最终得到的效果如图 5.167 和图 5.168 所示。

图 5.164　成组

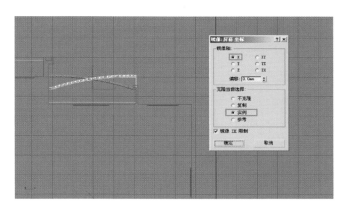

图 5.165　镜像复制

图 5.166　对齐

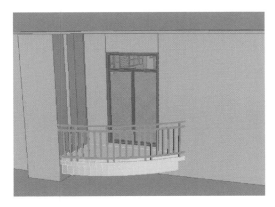

图 5.167　Ⓐ-Ⓔ立面阳台

图 5.168　①-㉒立面阳台

5.5　绘制中间层

住宅建筑从受力传递系统上分，常有剪力墙结构和框架结构，其楼层一般分为三个部分：底层、中间层、顶层。绘制中间层的方法和一层主体相同。也是先根据平面图描绘出外轮廓，再挤出成形。

5.5.1　绘制主体结构

在绘制建筑效果图时，纵向的尺寸可以从立面图、剖面图中找出来，也可以通过经验估算出来。效果图只需要表达大概的比例，有时甚至可以用主观的方式去表现建筑物，可以适当夸张一些，追求最终的整体效果。

（1）描绘主体轮廓。在顶视图中，将其他对象隐藏，将之前导入的"中间层平面"图显示出来。然后配合【捕捉】命令，使用【线】工具，沿着中间层平面图描绘出中间层楼梯模型的外轮廓，如图5.169所示。

（2）焊接顶点。选择绘制的轮廓线，

单击【修改】按钮，在【修改】面板中进入对象的"顶点"次物体级，将各个顶点全部选择，在【修改】面板中的【几何体】卷展栏中，将【焊接】按钮旁的数值设置为"10"，然后单击【焊接】按钮。这样绘制图形的各个顶点就被焊接好了，如图5.170所示。

（3）挤出模型。选择焊接好的图形，单击【修改器列表】下拉列表框，选择【挤出】命令，设置挤出【数量】为"3000mm"，这样就得到了中间层建筑模型的主体结构，如图5.171所示，并将对象的名称设置为"二层主体"。

（4）转化为可编辑多边形。右击建立的"二层主体"模型，选择【对象属性】命令，在弹出的【对象属性】对话框中，勾选"背面消隐"选项。再次右击对象，选择【转换为】→【转换为可编辑多边形】命令，将对象塌陷成多边形，便于精细建模。

（5）设置坐标。选择绘制的"二层主体"模型，按下键盘上的【W】键，激活【移动】命令。然后将模型沿着z轴，向上移动3600mm的距离，如图5.172所示。

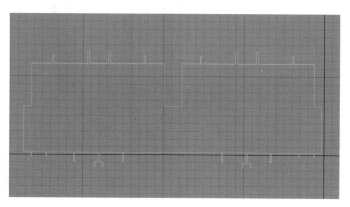

图 5.169　绘制轮廓

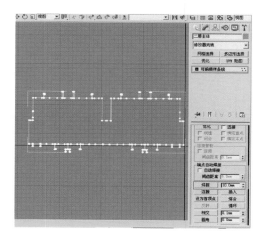

图 5.170　焊接顶点

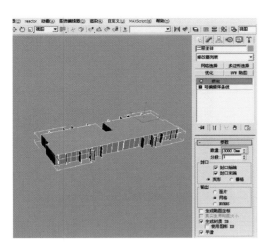

图 5.171　挤出模型

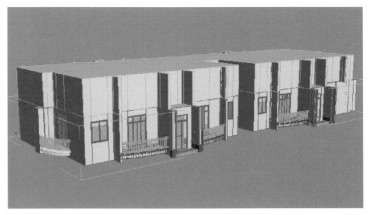

图 5.172　设置坐标

5.5.2　绘制门窗洞

主体模型建立完毕后，只需要将门窗洞绘制出来，然后直接将绘制好的门窗模型移动复制过来，进行位置对齐就可以了。当一层模型建立完毕后，将模型的所有构件制作成组，然后直接向上移动复制，就可以将其他几层建筑主体也建立出来了。这是建立建筑模型和室内模型的区别之一，建筑外观上有很多构件都是相同的，可以直接复制利用。

（1）连接边线。选择"二层主体"模型，进入"边"次物体级，选择窗户 C-2 的两条边线。在【修改】面板中的【编辑边】卷展栏中，单击【连接】按钮旁的【设置】按钮，在弹出的【连接边】对话框中，将【分段】设置为"2"，即连接了两条边，如图 5.173 所示。

（2）移动边。选择下面的一条边，按下键盘的【W】键，激活【移动】命令，设置【Z】轴坐标为"4200mm"。选择上面的一条边，设置【Z】轴坐标为"5800mm"，如图 5.174 所示。

（3）挤出窗洞。进入"多边形"次物体级，在【修改】面板的【选择】卷展栏中选择绘制的窗户面。在【修改】面板中的【编辑边】卷展栏中，单击【挤出】按钮旁的【设置】按钮，在弹出的【挤出多边形】对话框中，将【挤出高度】设置为"-80mm"，这样就得到了窗洞，如图 5.175 所示。

（4）删除面。进入"多边形"次物体级，选择窗户面，将其删除，得到如图 5.176 所示的窗洞。

（5）绘制门窗洞。使用相同的方法，绘制出"二层主体"模型上的门窗洞，如图 5.177 所示。

（6）复制门窗及阳台。将前面制作好的门窗模型和阳台模型，移动复制到"二层主体"模型上，得到的最终效果如图 5.178 所示。

（7）成组。将制作好的二层模型全部选择，单击菜单栏上的【组】→【成组】命令，在弹出的【组】对话框中，将其命名为"二层"，如图 5.179 所示。

（8）复制楼层。在左视图中，选择

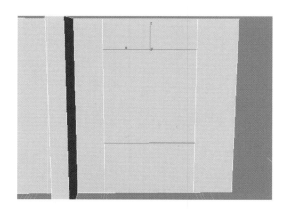

图 5.173　连接边　　　　　　　　　　　　　　　图 5.174　移动边

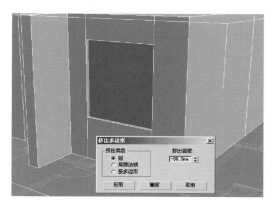
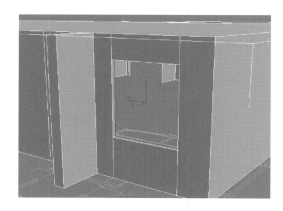

图 5.175　挤出窗洞　　　　　　　　　　　　　　图 5.176　删除面

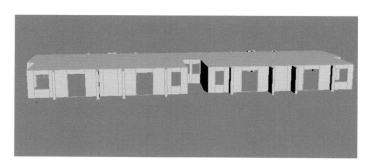
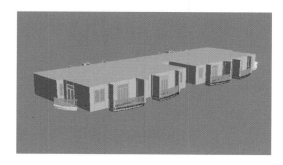

图 5.177　绘制门窗洞　　　　　　　　　　　　　图 5.178　复制门窗和阳台

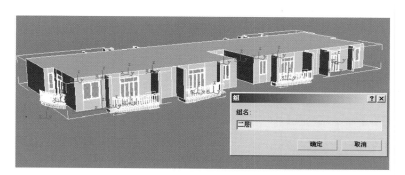

图 5.179　成组

制作的模型组件，按下键盘上的【W】键，激活【移动】命令，配合键盘上的【Shift】键，将模型进行移动复制。在弹出的【克隆选项】对话框中，设置【对象】为"复制"方式，【副本数】为"4"。然后配合【捕

捉】命令，使用【移动】命令，调整楼层之间的位置，使楼层与楼层之间紧密结合，如图 5.180 所示。

（9）将模型全部显示出来，效果如图 5.181 所示。

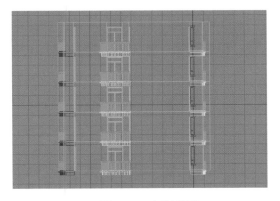

图 5.180　复制楼层

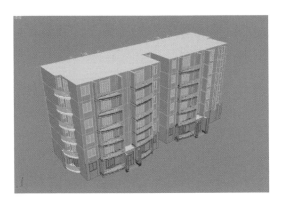

图 5.181　楼体模型

5.6　绘制阁楼及屋顶

阁楼，常常给人一种幽暗、神秘的感觉，这里往往也是封存记忆、保守秘密的私人空间。阁楼具有低矮和不规则等特点，可以根据阁楼的各种造型创造更多的空间，还可以为阁楼下面的那层空间提供隔热。

屋顶是整个建筑物外观的组成部分，是建筑物的顶部结构，它通常由屋面、屋顶承重结构、保温层或隔热层以及顶棚等组成。屋顶有坡屋顶、曲屋顶和平屋顶之分。

5.6.1　绘制屋顶

本例中的屋顶为坡屋顶，绘制时先根据屋顶平面图，在顶视图中绘制出坡屋顶

的大体轮廓，然后在上面绘制分割线，进行挤出、拉伸，这样一个坡屋顶就很容易被制作出来了。

（1）绘制屋顶轮廓。将其他对象全部隐藏，将"阁楼层"显示并冻结。单击【创建】→【图形】→【矩形】命令，配合【2维捕捉】，在顶视图中绘制如图 5.182 所示的矩形。

（2）转换为可编辑多边形。右键选择绘制的矩形，选择【转换为】→【转换为可编辑多边形】命令，如图 5.183 所示。

（3）连接线。进入到"边"次物体级，选择矩形的两条边线，单击【连接】按钮，在面上连接出一条中线，如图 5.184 所示。

（4）拉伸屋顶。按下键盘上的【W】键，将【移动】命令激活，选择绘制出的中线，将其沿着 z 轴向上拉伸 3600mm 的距离，得到如图 5.185 所示的屋顶造型。

（5）赋予材质。选择屋顶的各个面，

173

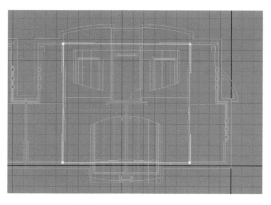

图 5.182　绘制屋顶轮廓

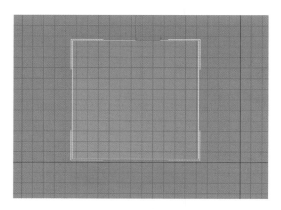

图 5.183　转换为可编辑多边形

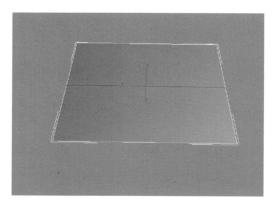

图 5.184　连接中线

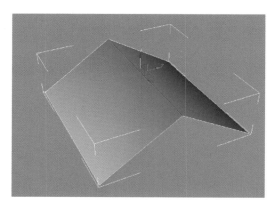

图 5.185　拉伸屋顶

按下键盘的【M】键，弹出【材质编辑器】对话框，如图 5.186 所示，选择一个材质球，设置其名称为"屋顶"，调整【漫反射】

颜色，再将材质赋予模型。

（6）连接线。选择屋顶模型，进入"边"次物体级，选择屋顶轮廓的边线，

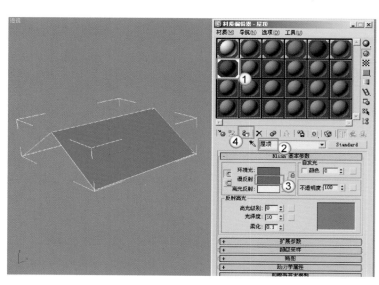

图 5.186　赋予材质

使用【连接】命令，在屋顶面上连接出如图 5.187 所示的造型线。

（7）删除面。进入"多边形"次物体级，选择多余的面，将其进行删除，得到的效果如图 5.188 所示。

（8）复制对象。进入对象的"元素"次物体级，选择对象。按下键盘上的【W】键，激活【移动】命令，配合键盘上的【Shift】键，将对象向下移动复制一个，在弹出的【克隆部分网格】对话框中单击【确定】按钮，如图 5.189 所示，这样就将屋顶面复制了一个。

（9）翻转面。调整两元素之间的距离，选择复制出来的元素，单击【翻转】

按钮，将其面进行翻转，如图 5.190 所示。

（10）桥。进入对象"边界"次物体级，选择两元素的边界线，单击【编辑边界】卷展栏下的【桥】按钮，得到如图 5.191 所示的封闭图形。

5.6.2　绘制阁楼

本例中阁楼是采用在透视图中绘制空间曲线的方法绘制的。在透视图中根据制作的屋顶模型，绘制出阁楼的侧面轮廓。

（1）绘制空间曲线。将透视图的视图模式更改为线框模式。按下键盘上的【S】键，激活【3维捕捉】，选择【创建】→【图

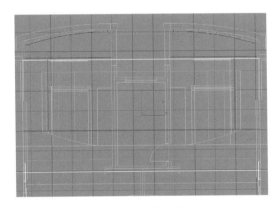

图 5.187　连接线

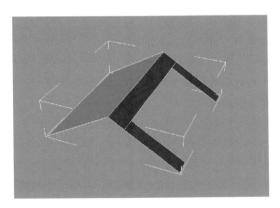

图 5.188　删除面

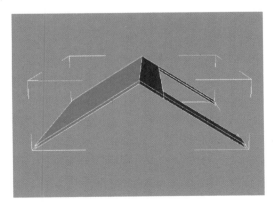

图 5.189　复制对象

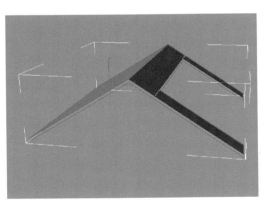

图 5.190　翻转面

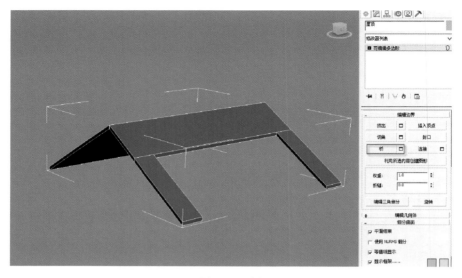

图 5.191　桥

形】→【线】命令，设置【初始类型】和【拖动类型】均为"角点"选项，沿着屋顶的侧面绘制三维线，如图 5.192 所示。

（2）复制阁楼侧面。将绘制的三角形转换为可编辑多边形。然后配合【Shift】键，使用【移动】工具，将绘制的阁楼侧面移动复制一个到屋顶的另一侧，如图 5.193 所示，并将复制的阁楼侧面进行翻转。

（3）附加。选择屋顶，单击【附加】

按钮，在屏幕中拾取两个阁楼侧面，将其附加为一个整体，如图 5.194 所示。

（4）绘制阁楼门。如图 5.195 所示，在阁楼的两个侧面绘制两个门，门的尺寸为 1200mm×2600mm，并赋予其材质。

（5）绘制挡雨棚。使用【创建】→【多边线】→【弧】命令，在顶视图中根据阁楼平面图，绘制一条弧线，即阁楼挡雨棚的轮廓线，如图 5.196 所示。

（6）挤出。选择绘制的弧线，单击【修

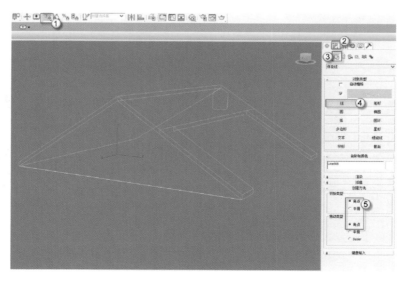

图 5.192　绘制空间曲线

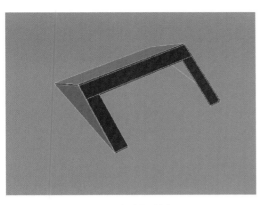

图 5.193　复制阁楼侧面

图 5.194　附加

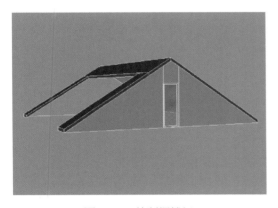

图 5.195　绘制阁楼门

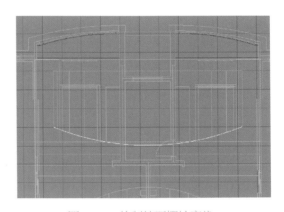

图 5.196　绘制挡雨棚轮廓线

改器列表】下拉列表框，选择【挤出】命令，将弧线挤出 3771mm 的距离，如图 5.197 所示。

（7）制作挡雨棚模型。将挤出的弧面转换为可编辑多边形，选择弧面将其向下移动复制一个，并将复制的弧面进行翻转。然后进入"边界"次物体级，选择边界线，使用【桥】命令，得到如图 5.198 所示的封闭图形。

（8）连接边。选择第 6 层模型主体，进入"边"次物体级，在顶视图中，使用【连接】命令，连接如图 5.199 所示的边线。

（9）挤出面。进入"多边形"次物体级，选择绘制出的面，使用【挤出】命令，将其向上挤出 2500mm 的距离，与屋顶面相交，如图 5.200 所示。

（10）孤立。选择挤出的矩形，将其进行分离。选择分离出来的矩形和绘制的挡雨棚，使用键盘组合键【Alt】+【Q】键将其孤立。调整两模型的位置至如图 5.201 所示的相交状。右击挡雨棚，选择【克隆】命令，将其原地复制一个并将复制的挡雨棚进行隐藏。

（11）布尔运算。选择矩形模型，单击【创建】→【几何体】→【ProBoolean】命令，进行如图 5.202 所示的设置，然后单击【开始拾取】按钮，在屏幕中选择弧形挡雨棚，进行布尔运算。

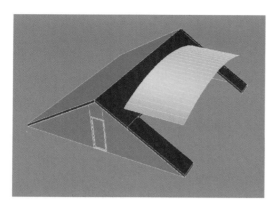

图 5.197　挤出

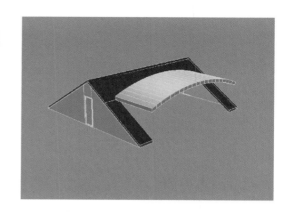

图 5.198　制作挡雨棚模型

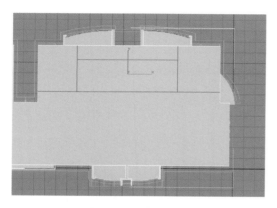

图 5.199　连接边

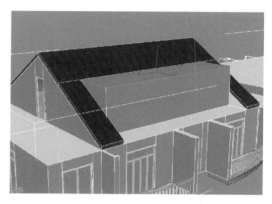

图 5.200　挤出面

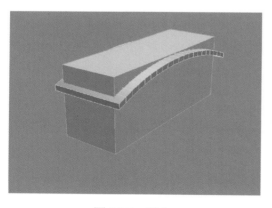

图 5.201　孤立

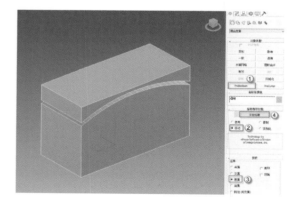

图 5.202　布尔运算

（12）删除面。右击模型，将其转换为可编辑多边形，进入"多边形"次物体级，选择多余的面进行删除，得到如图 5.203 所示的造型。

（13）调整位置。将隐藏的挡雨棚显示出来，调整其位置，得到如图 5.204 所示的模型。

（14）连接边。进入"边"次物体级，使用【连接】命令，在阁楼面上连接如图 5.205 所示的边线，并调整其位置，即阁楼窗户的轮廓线。

（15）绘制窗户。使用前面介绍的绘

制窗户的方法，绘制如图 5.206 所示的阁楼窗户。

（16）导入。将整理好的屋顶侧面造型导入到 3ds Max 中，如图 5.207 所示。

（17）转换为可编辑多边形。右键选择屋顶造型，选择【转换为】→【转换为可编辑多边形】命令，将其转换为可编辑多边形，如图 5.208 所示。

（18）复制对象。进入对象的"元素"次物体级，选择对象。按下键盘上的【W】键，激活【移动】命令，配合键盘上的【Shift】键，将对象向下移动复制一个，在弹出的【克隆部分网格】对话框中单击【确定】按钮，如图 5.209 所示，这样就将造型面复制了一个。

（19）调整两元素之间的距离。选择复制出来的元素，单击【翻转】按钮，将其面进行翻转。进入对象的"边界"次物体级，选择两元素的边界线，单击【编辑边界】卷展栏下的【桥】按钮，得到如图 5.210 所示的封闭图形。

（20）挤出顶棚。进入"边"次物体级，在模型上面连接两条纵向的分割线。然后进入"多边形"次物体级，选择分割线所形成的面，使用【挤出】命令，将其向前挤出，与屋顶相交，如图 5.211 所示。

（21）绘制栏杆轮廓。如图 5.212 所示，绘制一个矩形面，作为屋顶栏杆的轮廓面。

（22）绘制栏杆造型。如图 5.213 所

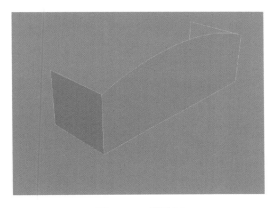

图 5.203　删除面

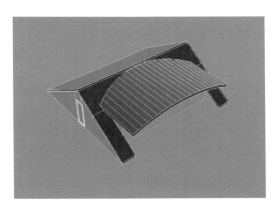

图 5.204　调整位置

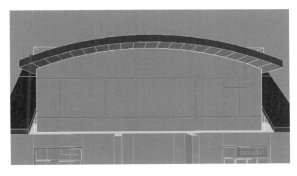

图 5.205　连接边

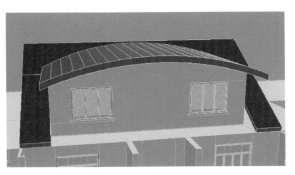

图 5.206　绘制窗户

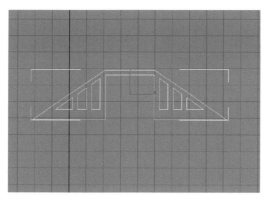

图 5.207　导入

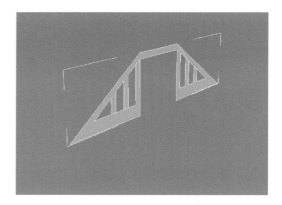

图 5.208　转换为可编辑多边形

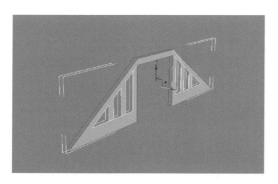

图 5.209　复制对象

图 5.210　制作模型

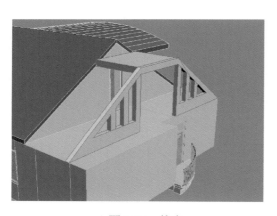

图 5.211　挤出

图 5.212　绘制栏杆轮廓

示，在绘制的矩形面上，使用【连接】命令，绘制栏杆的造型线。然后选择多余的边线，单击【移除】按钮，将其删除。

（23）删除面。进入"多边形"次物体级，选择多余的面，将其删除，得到如图 5.214 所示的栏杆造型。

（24）制作模型。进入对象的"元素"次物体级，选择对象。按下键盘上的【W】键，激活【移动】命令，配合键盘上的【Shift】键，将对象向下移动复制一个，在弹出的【克隆部分网格】对话框中单击【确定】按钮，将栏杆面复制一个。调整两元素之间的距离,选择复制出来的元素,单击【翻转】按钮,将其面进行翻转。进入对象的"边界"次物体级,选择两元素的边界线,单击【编辑边界】卷展栏下的【桥】按钮,得到如图 5.215 所示的封闭图形。

(25)用同样的方法绘制其他三面的

栏杆模型,通过复制,完成阁楼及屋顶模型的建立,效果如图 5.216 所示。将绘制好的阁楼及屋顶移动复制到另一侧,完成建筑模型的建立。

(26)至此,模型就基本建立完成了,再对不满意的地方稍加修改,得到如图 5.217 所示的建筑模型。

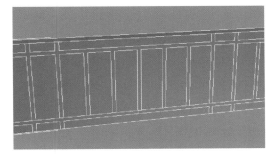

图 5.213　绘制栏杆造型

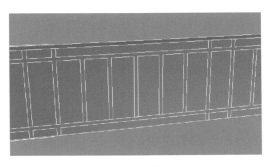

图 5.214　删除面

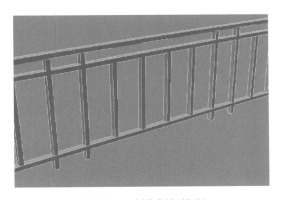

图 5.215　制作栏杆模型

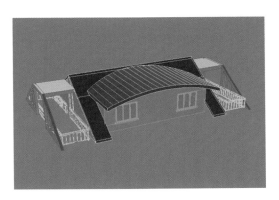

图 5.216　完成屋顶

图 5.217　建筑模型

第6章

画栋飞甍
——室外建筑效果图渲染

在第5章中介绍了如何使用3ds Max中的可编辑多边形方法建立室外建筑模型，本章将接着介绍对已经建好的三维模型进行渲染出图。介绍设置摄影机、建立球天、布灯、测试渲染、设置材质、设置渲染正图的参数、后期处理等的常用方法。

6.1 室外建筑效果图测试渲染

渲染分为正式渲染与测试渲染两个部分。测试渲染主要是判断灯光的亮度如何，不需要设定相应的材质。测试渲染的参数为低级别参数，渲染的品质不高，但是渲染速度比较快，可以进行快速推敲。

6.1.1 设置摄影机

摄影机的建立要注意自身的角度与被观察的对象，注意整体画面的构图，并不是一次能成功的，需要反复调整。

（1）打开标准摄影机。单击【创建】→【摄影机】→【标准】→【目标】命令，选择【备用镜头】中的"35mm"焦距的摄影机镜头，如图6.1所示。

（2）放置摄影机。在模型顶视图中放置摄影机，并在其他视图中调整摄影机到适当位置，使镜头拥有最好的视角，如图6.2所示。

（3）摄影机校正。选中摄影机，单击【修改器】→【摄影机】→【摄影机校正】，将三点透视图改为两点透视图，如图6.3所示。

（4）显示安全框。按下键盘的组合键【Shift】+【F】键，在摄影机视图中显示出安全框，如图6.4所示。只有安全框中的范围，才会被正式渲染。

小贴士

这里摄影机镜头的焦距与全画幅摄影机是一致的。50mm 的镜头叫做标头，与人眼的视野范围相当；小于 50mm 的镜头叫广角；大于 50mm 的镜头叫长焦。由于此处画的是建筑效果图，一般选用 35mm 的小广角。

图 6.1　设置摄影机

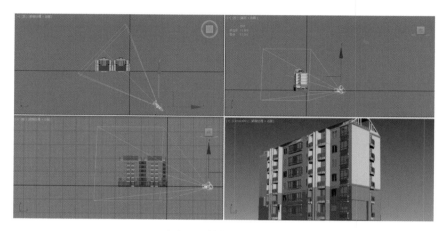

图 6.2　放置摄影机

图 6.3　摄影机校正

由于现在普遍采用的是 16∶9 或 16∶10 的宽屏显示器，因此与最后输出效果图的长宽比是有区别的，只有在摄影机视图中显示了安全框，才能保证在屏幕中看出的范围与实际输出的范围一致。

图 6.4　显示安全框

　　由于摄影机的机身位置与摄影机的目标点不在一个水平面上，因此摄影机视图除了左右两个消失点外，还有一个向上的消失点，这就是透视学中所说的三点透视。在绘制室外建筑效果图时需要避免出现三点透视，因此要使用摄影机校正功能，改三点透视为两点透视。

6.1.2　创建球天

　　在使用 V-Ray 渲染室外建筑效果图时，因为有大量的玻璃存在，需要建立一个统一反射的环境，这个反射的环境就是球天。球天可让玻璃生成环境反射的效果，让玻璃材质更加真实。

　　（1）创建球体。在模型顶视图中，单击【创建】→【几何体】→【标准基本体】→【球体】命令，创建一个球，直径约为建筑宽的 3 倍。在【半球】参数中输入"0.5"个单位，如图 6.5 所示。

　　（2）编辑球体。选中球体，并命名为"球天"。右击球天，选择【对象属性】命令。在弹出的【对象属性】对话框中的【显示属性】栏中单击【按对象】按钮，勾选"背面消隐"选项。在【渲染控制】栏中单击【按对象】按钮，去掉"对摄影机可见""接收阴影""投射阴影"选项前的勾选，单击【确定】按钮完成操作，如图 6.6 所示。

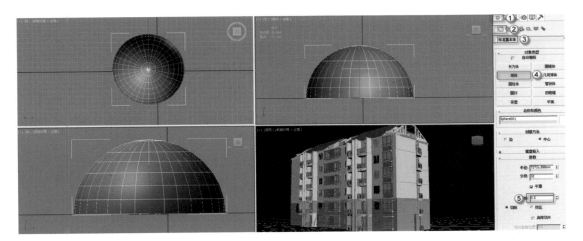

图 6.5　创建球体

（3）将球体转为可编辑多边形。右击球体，选择【转换为】→【转换为可编辑多边形】命令，将球体转换为可编辑多边形。进入"元素"次物体级，单击【翻转】按钮，如图 6.7 所示。

（4）修改球天。选择球天对象，单击【修改】→【多边形】按钮，选择半球底部任意多边形，单击【扩大】按钮，如图 6.8 所示。此时系统会选择半球整个底部区域，按下【Delete】键，删除底部，如图 6.9 所示。

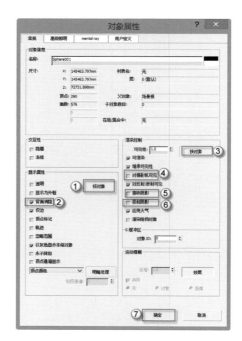

图 6.6　编辑对象属性

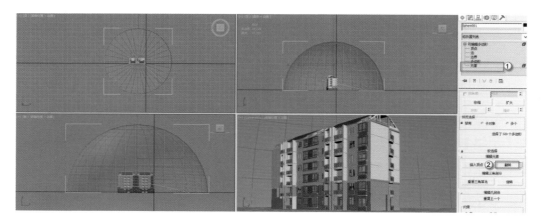

图 6.7　翻转球体

图 6.8　修改球天

图 6.9　修改后的球天

6.1.3　布光

室外的建筑效果图，一般使用两种类型的灯光：阳光与天光。阳光偏暖，天光偏冷。阳光用一个目标平行光，天光用一组目标聚光灯。

（1）添加阳光。在模型顶视图中，单击【创建】→【灯光】→【标准】→【目标平行光】命令，创建太阳光，光线与摄影机宜成 90° 左右的角，在【聚光区 /

光束】栏输入"19000mm"，使光线两侧覆盖建筑物，再进一步调整光线角度。如图 6.10 所示。选中绘制好的目标平行光，在【修改】面板中更改灯光颜色，使之偏暖色调，如图 6.11 所示。

（2）添加天光。在模型顶视图中，单击【创建】→【灯光】→【标准】→【目标聚光灯】命令，在【倍增】参数栏中输入"0.03"个单位，在【衰减区 / 区域】栏中输入"30"个单位，绘制天光，目标

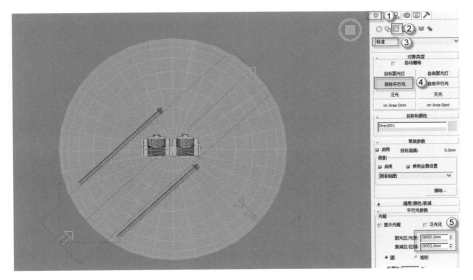

在【聚光区 / 光束】栏中应该根据具体情况输入参数，一般输入的数值宜使光线两侧略大，覆盖建筑物。

图 6.10　添加太阳光

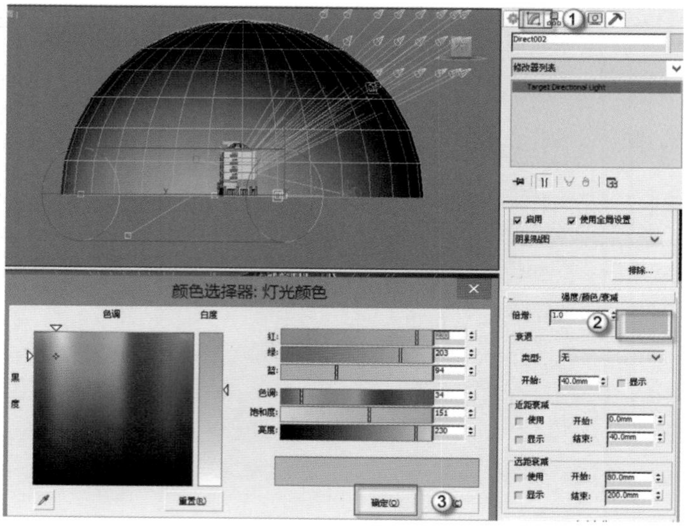

图 6.11　阳光颜色

聚光灯在摄影机身后，绘制 8 个，如图 6.12 所示。然后在前视图中对 8 个目标聚光灯进行复制（使用"实例"形式），绘制上中下共三组（每组 8 个），共 24 个聚光灯，如图 6.13 所示。选中任意绘制好的目标聚光灯，在【修改】面板中更改颜色，使之偏冷色调。

6.1.4　测试渲染操作

测试渲染不需要设置材质，只使用单色渲染就可以了，其目的就是判断前面设置的灯光是否满足需要。如果光线不足或过曝，需要重新设置灯光。

（1）选择渲染器。单击【F10】键打开【渲染设置】对话框，找到【公用】

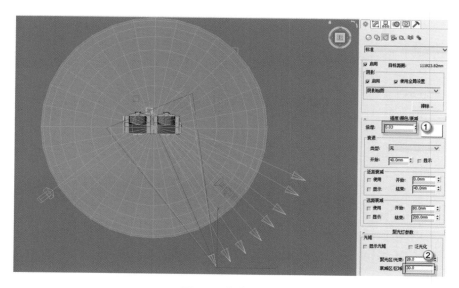

图 6.12　添加天光

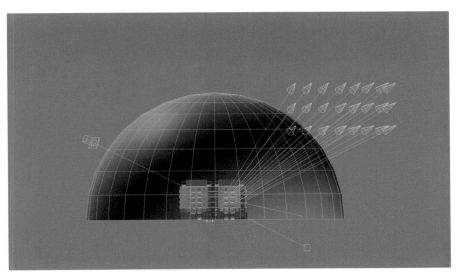

图 6.13　目标聚光灯

阳光的水平位置大约与摄影机垂直（就是相互成 90°角）。天光大约在摄影机后面呈扇形展开。

189

选项卡，单击【指定渲染器】→【产品级】后的【…】→【V-Ray Adv 3.00.07】→【确定】按钮，将 V-Ray 渲染器设置为当前渲染器，如图 6.14 所示。

（2）设置抗锯齿参数。单击【F10】打开【渲染设置】窗口，单击【V-Ray】选项卡，在【图像采样器（抗锯齿）】卷展栏中将【类型】改为"固定"，在【固定图像采样器】卷展栏中的"细分"中输入"1"个单位，在【全局确定性蒙特卡洛】卷展栏的【噪波阈值】中输入"0.01"

个单位，【最小采样】输入"8"个单位，其他参数不变，如图 6.15 所示。

（3）设置发光图参数。单击【F10】键打开渲染设置窗口，单击【GI】选项卡，在【全局照明】卷展栏中勾选"启用全局照明"，【首次引擎】改为"发光图"，【二次引擎】改为"灯光缓存"。在【发光图】卷展栏中，【当前预设】改为"自定义""高级模式"，【最小速率】输入"-4"个单位，【最大速率】输入"-3"个单位，【细分】输入"20"个单位，【插值采样】输

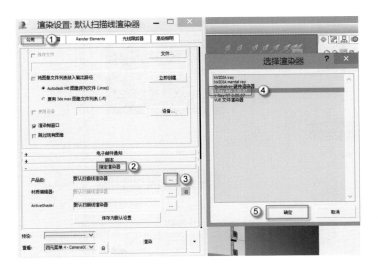

图 6.14　选择渲染器

190

入"15"个单位，【颜色阈值】输入"0.4"个单位，【法线阈值】输入"0.3"个单位，其他参数不变，如图 6.16 所示。

（4）设置灯光缓存参数。单击【F10】键打开【渲染设置】窗口，单击【GI】选项卡，在【灯光缓存】卷展栏的【细分】中输入"300"个单位，【采样大小】输入"0.01"个单位，其他参数不变，如图 6.17 所示。

（5）设置测试材质。单击【M】键，打开材质编辑窗口，选择任意空白材质球，

命名为"测试"材质，并赋予"VRayMtl"材质，单击【漫反射】旁边的颜色框，在弹出的对话框中将【红】、【绿】、【蓝】三种颜色的数值全设为"220"，单击【确定】按钮完成操作，如图 6.18 所示。

（6）测试渲染。按下【F10】键，在弹出的【渲染设置】面板中打开【全局开关】卷展栏，勾选"覆盖材质"选项，将上一步设置好的"测试"材质拖曳过来，如图 6.19 所示。单击【F9】键，对摄影机视图进行测试渲染，如图 6.20 所示。

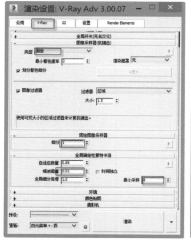 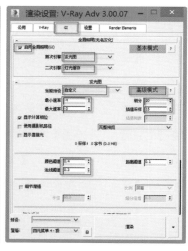 

图 6.15　设置抗锯齿参数　　图 6.16　设置发光图参数　　图 6.17　设置灯光缓存参数

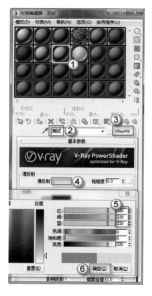 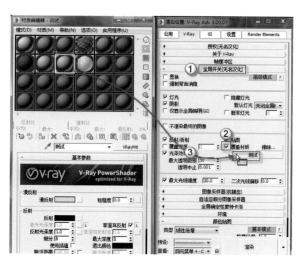

图 6.18　测试材质　　　　　　图 6.19　测试渲染

如果测试效果图的亮度不理想，也可以调整颜色贴图中的相关参数。在【渲染设置】对话框中打开【颜色贴图】卷展栏，在【类型】中选择"线性倍增"选项，根据需要调整【暗度倍增】和【明亮倍增】两个数值，如图 6.21 所示。

图 6.20　测试渲染效果图

图 6.21　颜色贴图

6.2　室外建筑效果图正式渲染

正式渲染与测试渲染不同，一是需要有各类型的材质，二是需要使用高级别的参数（使用这类参数，渲染速度虽然慢，但是出图品质比较好）。但也不一定一次就能成功，有些问题只有图输出后才会发现。

6.2.1　添加材质

室外效果图的材质不难设置，主要就是玻璃的反射、漫射的颜色、漫射的贴图等几种模式。具体操作如下。

（1）门框材质的添加。选中"门框"

材质球，指定"VRayMtl"材质类型，在【漫反射】颜色框中更改门框颜色，最后单击【确定】按钮，如图 6.22 所示。

（2）玻璃材质的添加。选中"玻璃"材质球，指定"VRayMtl"材质类型，在【漫反射】中颜色基本不动，主要通过反射和折射来调节。将【反射】调节到颜色一半的位置，在【高光光泽度】栏中输入"0.9"个单位，取消"菲涅耳反射"的勾选，不需要调整折射。最后单击【背景】按钮，显示材质球的效果，如图 6.23 所示。

（3）屋顶材质的添加。选中"屋顶"材质球，指定"VRayMtl"材质类型，单击【漫反射】旁的小方框，弹出【材质/贴图浏览器】窗口，选择"位图"选项，找到已经准备好的贴图,最后单击【确定】按钮,如图6.24所示。找到【贴图】下的【漫反射】贴图,拖曳到【凹凸】栏中,然后打开【视口中显示明暗处理材质】按钮,如图 6.25 所示。如果贴图还是无法显示,则需要使用"UVW 贴图"修改器。单击【修改】→【修改器列表】选择"UVW 贴图",然后在【贴图】类型中选择"长方体"类型,并去掉"真实世界贴图大小"前的勾选。最后打开【UVW 贴图】→【Gizmo】命令调整贴图大小,如图6.26所示。显示的贴图效果,如图6.27所示。

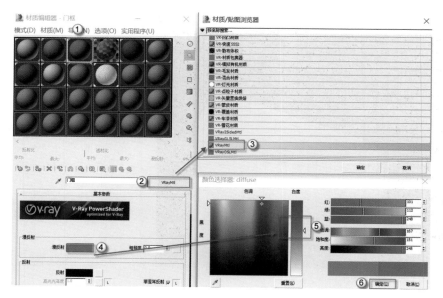

图 6.22　添加门框材质

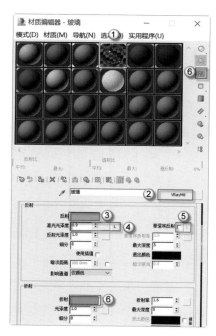

图 6.23　添加玻璃材质

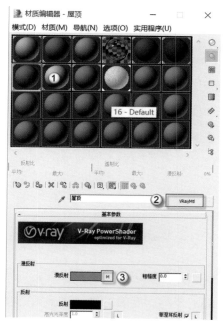

图 6.24　添加屋顶材质

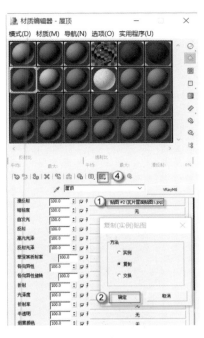

图 6.25　屋顶贴图参数设置

图 6.26　屋顶 UVW 贴图

图 6.27　屋顶贴图效果

（4）墙面涂料材质的添加。选中墙面涂料材质球，指定"VRayMtl"材质类型，单击【漫反射】旁的小方框，弹出【材质/贴图浏览器】窗口，选择"位图"选项，找到已经准备好的贴图，最后单击【确定】按钮。找到【贴图】下的【漫反射】贴图，拖曳到【自发光】中去，然后打开【视口中显示明暗处理材质】按钮。如果

贴图还是无法显示，则再使用一次【UVW 贴图】。单击【修改】→【修改器列表】选择"UVW 贴图"，然后在【参数】→【贴图】中勾选"长方体"，并去掉"真实世界贴图大小"前的勾选。最后打开【UVW 贴图】→【Gizmo】调整贴图大小。显示的贴图效果，如图 6.28 所示。

（5）球天材质的添加。选中材质球，

命名为"球天"，指定"VRayMtl"材
质类型，单击【漫反射】后的小方框，
弹出【材质/贴图浏览器】窗口，选择"位
图"，找到已经准备好的贴图，最后单
击【确定】按钮，如图6.29所示。找到【贴
图】下的【漫反射】贴图，拖曳到【自发光】
栏中去，然后打开【视口中显示明暗处
理材质】按钮，如图6.30所示。如果贴

图还是无法显示，则需要使用"UVW 贴
图"修改器。单击【修改】→【修改器
列表】选择"UVW 贴图"，然后在【贴
图】栏中选择"长方体"选项，并去掉"真
实世界贴图大小"前的勾选。最后打开
【UVW 贴图】→【Gizmo】调整贴图大小，
如图6.31所示。显示的贴图效果，如图
6.32所示。

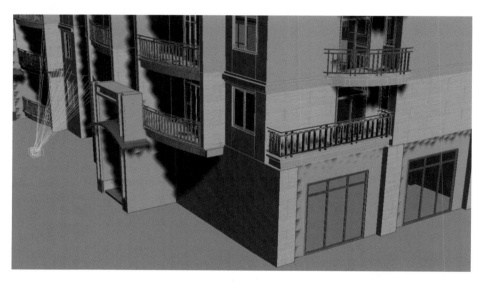

图 6.28　墙面涂料贴图效果

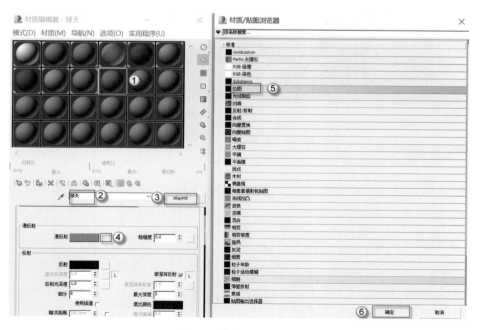

图 6.29　添加球天贴图

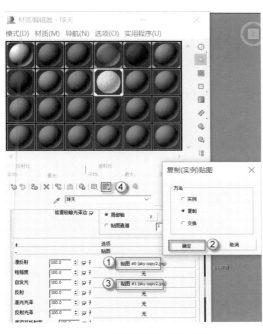

图 6.30　球天贴图参数设置　　　　　　　　　图 6.31　球天 UVW 贴图

图 6.32　球天贴图背景

6.2.2　正式渲染操作

正式渲染的具体操作如下。

（1）抗锯齿参数设置。单击【F10】键打开渲染设置窗口，单击【V-Ray】选项卡，在【图像采样器（抗锯齿）】卷展栏中将【类型】改为"自适应细分"，勾选"图像过滤器"，并将【过滤器】改为"Catmull-Rom"，在【自适应细分图像采样器】卷展栏的【最小速率】中输入"0"个单位，【最大速率】输入"2"个单位，在【全局确定性蒙特卡洛】卷展栏的【噪波阈值】中输入"0.003"个单位，【最小采样】输入"15"个单位，其他参数不变，如图 6.33 所示。

（2）发光图参数。单击【F10】键打开【渲染设置】窗口，单击【GI】选项卡，在【全局照明】卷展栏中勾选"启用全局照明"，【首次引擎】改为"发光图"，【二次引擎】改为"灯光缓存"。在【发光图】卷展栏中，【当前预设】改为"自定义""专家模式"，同时去掉"专家模式"下"显示采样"前的勾选，【最小速率】输入"–3"个单位，【最大速率】输入"–1"个单位，【细分】输入"50"个单位，【插值采样】输入"35"个单位，【颜色阈值】输入"0.4"个单位，【法线阈值】输入"0.2"个单位，其他参数不变，如图 6.34 所示。

（3）灯光缓存参数。单击【F10】

键打开【渲染设置】窗口，单击【GI】选项卡，【灯光缓存】卷展栏中【细分】输入"1000"个单位，【采样大小】输入"0.02"个单位，其他参数不变，如图 6.35 所示。

（4）正式渲染。在【渲染设置】对话框中单击【公用】选项卡，锁定【图像纵横比】，在【宽度】栏中输入"2500"个单位，单击【文件…】按钮，在弹出的【渲染输出文件】对话框中输入效果图的文件名，并设置【保存类型】为"TIF 图像文件（*.tif，*.tiff）"，单击【设置】按钮，在弹出的【TIF 图像控制】对话框中勾选"存储 Alpha 通道"选项，单击【确定】按钮完成 TIF 设置，单击【保存】按钮完成渲染输出文件设置。在设置相应的参数后，按【渲染】按钮进行渲染，如图 6.36 所示。渲染完成的效果如图 6.37 所示。如果出现其他问题要反复检查具体的参数是否设置有误。

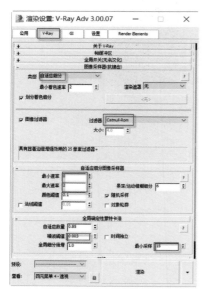

图 6.33　抗锯齿参数

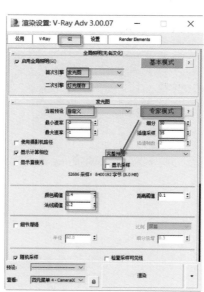

图 6.34　发光图参数

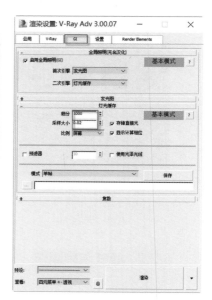

图 6.35　灯光缓存参数

图 6.36 渲染设置

图 6.37 最终效果图

6.2.3 渲染玻璃选区图

虽然效果图已经渲染完成了，但是玻璃的反射比较暗，需要在 Photoshop 中提亮。需要再渲染一张玻璃选区图，这张图的作用就是在 Photoshop 中能快速直接地选择建筑物的全部玻璃。具体操作如下。

（1）去掉灯光。在【选择过滤】框中选择【L- 灯光】选项，然后选择作为

天光的目标聚光灯与作为阳光的目标平行光，如图 6.38 所示。按下【Delete】键将这些灯光删除，渲染玻璃选区图不需要灯光，直接用 VR- 灯光材质就可以了。

（2）删除球天。在【选择过滤】框中选择"全部"选项，然后选择作为反射环境的球天，如图 6.39 所示。按下【Delete】键将其删除，渲染玻璃选区图不需要反射环境。

（3）重新设置玻璃材质。按下【M】

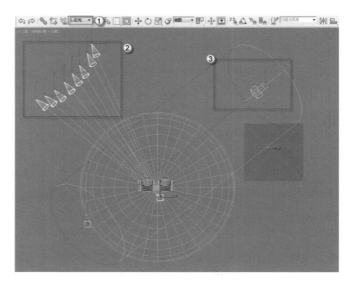

图 6.38　删除灯光

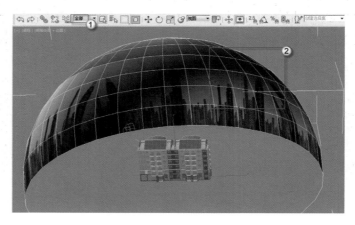

图 6.39　删除球天

在设置纯色时，一般会用到 RGB 模型，"R"代表红色，"G"代表绿色，"B"代表蓝色。其每个数值都为 0 ～ 255，此处需要纯红色，因此设置红 =255，绿 =0，蓝 =0。

键，在弹出的【材质编辑器】对话框中选择"玻璃"材质球，单击【VRayMtl】按钮，在弹出的【材质 / 贴图浏览器】对话框中选择"VR- 灯光材质"类型，单击【确定】按钮，如图 6.40 所示。单击颜色框，在弹出的【颜色选择器】对话框中选择纯红色，单击【确定】按钮，如图 6.41 所示。这样的操作，就将"玻璃"材质设置为纯红色的灯光材质，由于颜色很鲜艳，在 Photoshop 中可以快速地创建玻璃选区。

（4）设置其他材质。依次选择除"玻璃"外的其他材质球，单击【VRayMtl】按钮，在弹出的【材质 / 贴图浏览器】对话框中选择"VR- 灯光材质"类型，单击【确定】按钮，如图 6.42 所示。可以观察到此材质的颜色为默认的白色，如图 6.43 所示。不需要更改颜色，除了玻璃外的其他材质，都应设置为白色的 VR- 灯光材质，这样可以突出红色的玻璃材质，方便在 Photoshop 中进行选择。

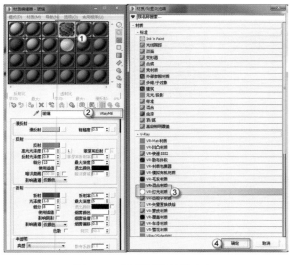

<table>
</table>

图 6.40　设置玻璃材质（1）　　　　　图 6.41　设置玻璃材质（2）

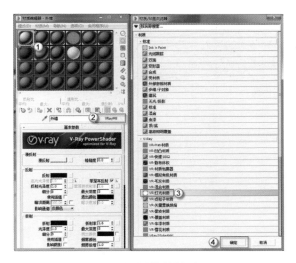 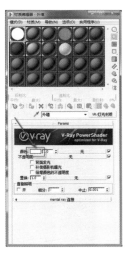

图 6.42 设置其他材质（1）　　　　图 6.43 设置其他材质（2）

　　所有的材质设置完成后，如图 6.44 所示。可以观察到，除了玻璃是红色的外，其他材质都是白色的。

　　（5）渲染图。按下【C】键，返回到摄影机视图。按下【F9】键，对当前场景当前视图进行渲染。不能调整任何参数，如果调整了参数，就无法与上一节中的渲染图进行对应。渲染完成后的效果图，如

图 6.45 所示。

　　（6）保存文件。单击【保存图像】按钮，在弹出的【保存图像】对话框中设置保存的路径，在【文件名】栏中输入名称为"玻璃选区"，在【保存类型】栏中选择"TIF 图像文件（*.tif，*.tiff）"文件类型，单击【保存】按钮保存图像文件。

200

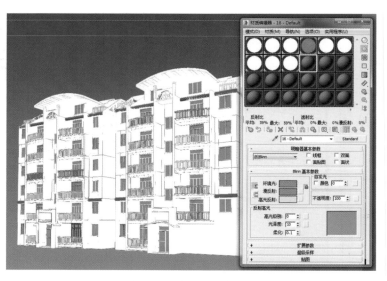

图 6.44　设置完材质

图 6.45　渲染玻璃选区图

6.3　后期处理

后期处理在建筑表现中有很大的作用，不仅可以弥补场景的不足，还能增加场景的艺术气息。后期处理直接影响到整

体效果，特别是建筑效果图的后期处理要比室内效果图重要得多，本节中将介绍使用 Photoshop 对渲染图进行后期处理的方法。

6.3.1　调整玻璃

建筑物外墙门、窗、幕墙的玻璃是建

筑效果图重点表现的对象。虽然在前面渲染时使用了球天的反射环境，但是光感不足，因此后面又渲染了一张玻璃选区图，目的是快速选择玻璃并进行处理。

（1）打开图层。使用 Photoshop 打开渲染好的图像，双击【背景】图层，在弹出的【新建图层】对话框的【名称】栏中输入"主体建筑"字样，单击【确定】

按钮完成操作，如图 6.46 所示。图层锁定时，是无法对其进行操作的。

（2）拖曳玻璃选区图。使用 Photoshop 打开玻璃选区图，按下【V】键发出【移动】命令，并配合【Shift】键，将玻璃选区图拖曳入主体建筑图中，如图 6.47 所示。

（3）选择玻璃选区。按下【W】键

图 6.46　打开图层

图 6.47　拖曳玻璃选区图

发出【魔棒工具】命令，快速对红色的玻璃区域进行选择，如图 6.48 所示。由于玻璃是纯红色的，所以选择非常方便。

（4）切换图层。切换至"主体建筑"图层，可以观察到主体建筑的玻璃全部被选择上了，如图 6.49 所示。至此玻璃选区图已经没有任何意义了，可以删除。

（5）新建玻璃图层。在保持玻璃被选择的情况下，按下【Shift】+【Ctrl】+【J】组合键发出【通过剪切新建图层】命令，

新建一个名为"玻璃"的图层，关闭"主体建筑"图层，只显示"玻璃"图层，如图 6.50 所示。

（6）增加玻璃图层的亮度与对比度。单击【图像】→【调整】→【亮度 / 对比度】命令，在弹出的【亮度 / 对比度】对话框中将玻璃的【亮度】与【对比度】数值增加，加大其反光度，如图 6.51 所示。

打开"主体建筑"图层，完成对建筑中玻璃部分的后期处理，如图 6.52 所示。

图 6.48　选择玻璃选区

图 6.49　切换图层

图 6.50　新建玻璃图层

202

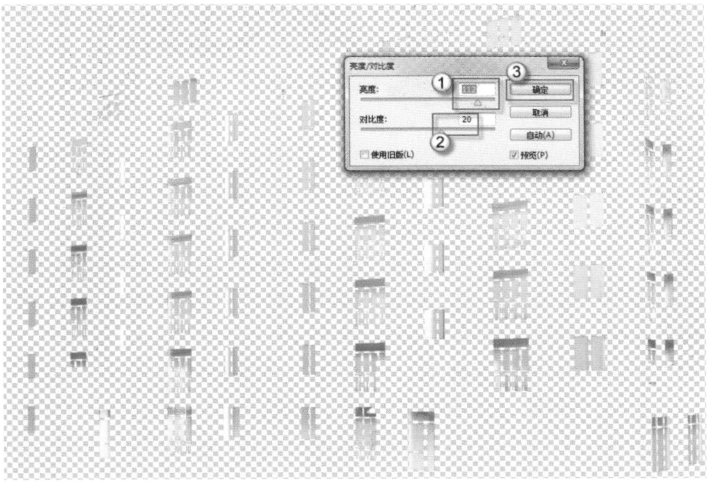

图 6.51　增加亮度与对比度

图 6.52　玻璃亮度

6.3.2　加入背景

建筑不是孤立的，而是存在于环境之中。由于在 3ds Max 与 V-Ray 中，增加建筑的配景比较麻烦，且会增加渲染的时间，因此一般都是在 Photoshop 中加入人、树、天空等内容。具体操作如下。

（1）选择 Alpha 通道。单击【通道】→【Alpha 1】命令，图像立即进入 Alpha 1 通道模式，如图 6.53 所示。

（2）删除背景。配合【Ctrl】键单击"Alpha1"通道，然后按下组合键【Shift】+【Ctrl】+【I】键进行反选，返回到"主体建筑"图层，按下【Delete】键，将不需要的背景删除，如图 6.54 所示。

（3）增加前景。使用 Photoshop 打开配套资源中的"前景 .PSD"文件，将其加入到当前图像中，按下【V】键发出【移动】命令，将其移动到相应的位置，并调整"前景"图层为最上图层，如图 6.55 所示。

图 6.53　选择 Alpha 通道

图 6.54　删除背景

图 6.55　增加前景

（4）增加挂角树。使用 Photoshop 打开配套资源中的"挂角树 .PSD"文件，将其加入到当前图像中，按下【V】键发出【移动】命令，将其移动到相应的位置，并调整"挂角树"图层为最上图层，如图 6.56 所示。

（5）加入天空背景。使用 Photoshop 打开配套资源中的"天空背景 .PSD"文件，将其加入到当前图像中，按下【V】键发出【移动】命令，将其移动到相应的位置，并调整"天空背景"图层为最下图层，如图 6.57 所示。

（6）加入远景建筑。使用 Photoshop 打开配套资源中的"远景建筑 .PSD"文件，将其加入到当前图像中，按下【V】键发出【移动】命令，将其移动到相应的位置，并调整"远景建筑"图层与其他图层的上下位置关系，如图 6.58 所示。

（7）加入配景树。使用 Photoshop 打开配套资源中的"树 1.PSD""树 2.PSD"和"树 3.PSD"文件，将其加入到当前图像中，按下【V】键发出【移动】命令，将其移动到相应的位置，并调整"树 1""树

图 6.56　增加挂角树

图 6.57　增加天空背景

2" 和 "树 3" 图层与其他图层的上下位
置关系，如图 6.59 所示。

整张效果图处理完成之后，如图 6.60
所示。

图 6.58　远景建筑

图 6.59　加入配景树

图 6.60　完成效果图

附录 A

常用快捷键

在使用 3ds Max 时，需要使用快捷键进行操作，从而提高设计、建模、作图和修改的效率。与 AutoCAD 不定位数的字母快捷键不同，3ds Max 的快捷键非常复杂，有 F1～F12 的功能键，有 0～9 的数字键，有 Alt、Shift 或 Ctrl+ 字母、数字或功能键的组合键等。

操作者应注意培养用快捷键操作 3ds Max 的习惯。表 A.1 中给出了 3ds Max 常见的快捷键使用方式，以方便读者查阅。

表 A.1　3ds Max 中常用的快捷键

类　别	命　令	快　捷　键	备　注
功能键	帮助	F1	
	选择时显示边框	F2	切换
	线框 / 平滑加高光	F3	切换
	视口边面显示	F4	切换
	变换 Gizmo x 轴约束	F5	
	变换 Gizmo y 轴约束	F6	
	变换 Gizmo z 轴约束	F7	
	变换 Gizmo 平面约束	F8	切换
	换上一次设置参数渲染	F9	
	渲染设置对话框	F10	
	脚本编写框	F11	
	变换输入对话框	F12	切换
数字键	渲染到纹理	0	
	（多边形）顶点次物体级	1	
	（多边形）边次物体级	2	
	（多边形）边界次物体级	3	
	（多边形）多边形次物体级	4	
	（多边形）元素次物体级	5	
	统计显示	7	切换
	环境和效果对话框	8	
视图	从视图创建摄影机	Ctrl+C	
	底视图	B	
	摄影机视图	C	
	前视图	F	
	左视图	L	
	透视图	P	
	顶视图	T	
	用户视图	U	
	材质编辑器	M	
	聚光灯 / 平行光视图	Shift+4	

208

类　　别	命　　令	快　捷　键	备　　注
视口	环绕视口	Ctrl+R	
	放大 2 倍	Alt+ Shift+ Ctrl+Z	
	缩小 2 倍	Alt+ Shift+Z	
	放大视口	[	
	缩小视口	]	
	平移视口	I	
	所有视口最大化显示	Shift+ Ctrl+Z	
	使用默认 / 场景灯光视口照明	Ctrl+L	切换
	视口安全框	Shift+F	切换
	视口样式写实	Shift+F3	
	刷新视口	`	
	显示边框	J	切换
	单 / 多视口	Alt+W	切换
	主工具栏	Alt+6	切换
	视口栅格显示	G	切换
捕捉	百分比捕捉	Shift+ Ctrl+P	切换
	捕捉开关	S	
	捕捉到冻结对象	Alt+F2	切换
	角度捕捉	A	
	在捕捉中启用轴约束	Alt+D	切换
选择	按名称选择	H	
	反选	Ctrl+I	
	孤立当前选择	Alt+Q	
	取消选择	Ctrl+D	
	全选	Ctrl+A	
	选择锁定	Space（空格键）	切换
	智能选择	Q	
多边形	边约束	Shift+X	
	焊接	Shift+ Ctrl+W	
	忽略背面	Shift+ Ctrl+I	
	切割	Alt+C	
	连接	Shift+ Ctrl+E	
	切角	Shift+ Ctrl+C	
	倒角	Shift+ Ctrl+B	
	切片	Shift+ Ctrl+Q	
	挤出面	Shift+E	
	物体级、次物体级选择	Ctrl+B	切换
	次物体级选择	Insert	切换
	移除	Backspace	
	重复上一次的操作	;	
	收缩	Ctrl+Pagedown	
	扩大	Ctrl+Pageup	
	环形	Alt+R	
	循环	Alt+L	
	隐藏选定对象	Alt+H	
	隐藏未选定对象	Alt+I	
	全部取消隐藏	Alt+U	
	网格平滑	Ctrl+M	
	封口	Alt+P	
对齐	对齐	Alt+A	
	法线对齐	Alt+N	
	放置	Y	
	快速对齐	Shift+A	

类　　别	命　　令	快　捷　键	备　　注
切换	间隔工具	Shift+I	
	选择并均匀 / 非均匀缩放 / 挤压	R	切换
	选择并旋转	E	
	选择并移动	W	
	显示 Gizmo	Shift+ Ctrl+X	切换
	Gizmo 变大	=	
	Gizmo 变小	−	

　　3ds Max 和 V-Ray 还可以根据读者自身的需要自定义快捷键。方法是单击【自定义】→【自定义用户界面】命令，在弹出的【自定义用户界面】对话框中，选择【键盘】选项卡，选择需要自定义操作的命令，在【热键】栏中按下自定义的快捷键，单击【指定】按钮完成设置，如图 A.1 所示。

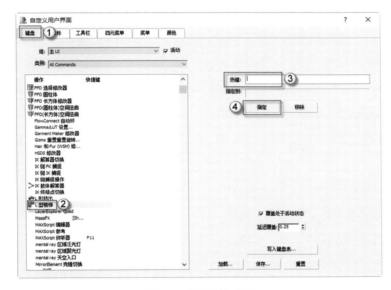

图 A.1　自定义快捷键

V-Ray 渲染核心参数

在使用 V-Ray 进行渲染时，一定要注意其核心参数的设置。参数的设定直接关系到效果图的品质与渲染速度。核心参数分为两大类：测试图参数与正式图参数。测试图参数是低级别参数，渲染速度快，但图像品质不高，适合于反复推敲设计方案；正式图参数是高级别参数，渲染速度慢，但图像品质高，适合于最后输出效果图。

为了方便读者在设计、绘制、修改效果图时随时调用核心参数，笔者专门制作了"V-Ray 参数手机版.jpg"文件，如图 B.1

所示。请读者下载本书的配套资源，然后存入手机，可实时查阅。

1. 设置参数的位置

按下【F10】键，在弹出的【渲染设置】对话框中选择【V-Ray】选项卡，在其中设置【图像采样器（抗锯齿）】、【全局确定性蒙特卡洛】两项参数，如图 B.2 所示。选择【GI】选项卡，在其中设置【全局照明】、【发光图】、【灯光缓存】三项参数，如图 B.3 所示。

2. 图像采样器（抗锯齿）

(1) 测试图渲染时，使用"固定"类型，

V-Ray 渲染核心参数

图像采样器：（1）测试渲染时，用"固定"，细分为"1"；（2）渲染正式图时，用"自适应细分"。小：0；大：2；（3）图像过滤器，测试时不开，渲染时"Catmull-Rom"。

全局确定性蒙特卡洛： 适应数量"0.85"不变。

	测 试	渲 染	备 注
噪波阈值	0.01	0.001～0.005	越小越好
最小采样值	8	12～20	越大越好

间接照明：（1）首次引擎：发光图；（2）二次引擎：灯光缓存。
发光图： 将【当前预设】设定为"自定义"，并改为"高级模式"。

	测 试	渲 染
最小速率	-4	-3
最大速率	-3	-1
细分	20	50
插值采样	15	35
颜色阈值	0.4	0.4
法线阈值	0.3	0.2

灯光缓存

	测 试	渲 染
细分	300	800～1200（越大越好）
采样大小	0.01	0.02

图 B.1　V-Ray 参数手机版

图 B.2　V-Ray 选项卡

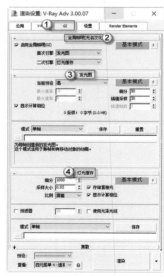

图 B.3　GI 选项卡

将【细分】设置为"1"。

(2) 正式图渲染时，使用"自适应细分"类型，将【最小速率】设置为"0"，将【最大速率】设置为"2"。

(3) 对【图像过滤器】的设置：测试图渲染时不开，正式图渲染时选用"Catmull-Rom"类型。

3. 全局确定性蒙特卡洛

全局确定性蒙特卡洛参数设置见表B.1。

【自适应数量】为"0.85"，固定不变。

4. 全局照明

（1）设置【首次引擎】（即灯光的第一次反射）为"发光图"类型。

（2）设置【二次引擎】（即灯光的第二次以及其他反射）为"灯光缓存"类型。

5. 发光图

将【当前预设】设定为"自定义"类型，并改为"高级模式"参数类型。发光图参数设置见表 B.2。

6. 灯光缓存

【灯光缓存】参数设置见表 B.3。

表 B.1　全局确定性蒙特卡洛参数设置

选　项	测试图参数	正式图参数	备　注
噪波阈值	0.01	0.001~0.005	越小越好
最小采样	8	12~20	越大越好

表 B.2　发光图参数设置

选　项	测试图参数	正式图参数
最小速率	−4	−3
最大速率	−3	−1
细分	20	50
插值采样	15	35
颜色阈值	0.4	0.4
法线阈值	0.3	0.2

表 B.3　灯光缓存参数设置

选　项	测试图参数	正式图参数
细分	300	800~1200（越大越好）
采样大小	0.01	0.02

在阅读本书、学习视频时，笔者为大家提供了一定量的作业作为课后练习。除了第 1 章是介绍基本知识外，书中其他章都有作业与之对应，紧扣书中教授的相关知识。作业中的文件请读者在本书的配套资源中下载，并根据要求选择性地进行练习（见表 C.1）。

本书配套资源共提供 7 个 MAX 作业文件，如图 C.1～图 C.7 所示，为读者提供练习的选择。

表 C.1　作业及相关要求

作业编号	提供文件的类型	文件内容	作 业 要 求	对应书中的章
作业 1	DWG	家装设计图	根据提供的图纸，使用可编辑多边形的方法建立室内模型	第 2 章
作业 2	MAX	家装客厅	使用 VR-阳光、VR-物理摄影机对场景进行渲染，注意根据设计意图设置材质	第 2 章
作业 3	MAX	家装卧室	使用 VR-灯光、摄影机对场景进行渲染，注意根据设计意图设置材质	第 3 章
作业 4	MAX	浴室	使用 VR-灯光、摄影机对公共空间场景进行渲染，注意根据设计意图设置材质	第 4 章
作业 5	MAX	宾馆套房	同作业 4	第 4 章
作业 6	DWG	18 层住宅楼建筑施工图	根据提供的图纸，使用可编辑多边形的方法建立室外建筑模型	第 5 章
作业 7	MAX	多层住宅楼	使用灯光阵列、球天反射环境，对室外建筑模型进行渲染，注意设置相应材质	第 6 章
作业 8	MAX	高层住宅楼	同作业 7	第 6 章
作业 9	MAX	医院门诊楼	同作业 7	第 6 章

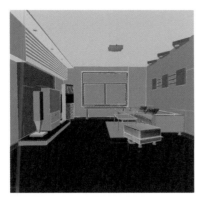

图 C.1 作业 2 透视图

图 C.2 作业 3 透视图

图 C.3 作业 4 透视图

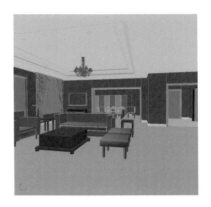

图 C.4 作业 5 透视图

图 C.5 作业 7 透视图

图 C.6 作业 8 透视图

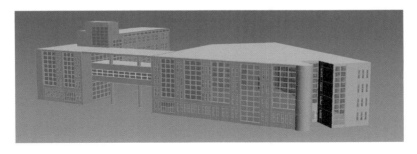

图 C.7 作业 9 透视图

CPU 温度监控

在使用基于 CPU 的 V-Ray 渲染时（即选择"V-Ray Adv"选项），特别是在渲染正图时，计算机的 CPU 温度会过高，应注意监控。CPU 的温度极限一般在 100 ～ 110℃（根据 CPU 的生产厂家与型号不同而有所不同），因此渲染时超过 95℃就要终止渲染，以免损坏硬件。如果渲染温度长时间逼近极限值，就要考虑改善散热状况，如给笔记本电脑增加散热底座、给台式机更换 CPU 水冷风扇等。

请读者在 http://www.alcpu.com/CoreTemp/ 网站下载 Core Temp 软件，软件可以实时监控 CPU 的温度。选择 Core Temp 软件的原因是这个软件非常小巧，安装包不到 1.2MB，功能单一，占用系统资源少，没有捆绑其他无用程序。

双击下载好的 Core-Temp-setup 程序文件进行安装，安装过程如图 D.1 ～图 D.8 所示。

启动 Core Temp 后，如果 Windows

图 D.2　安装过程

图 D.1　选择语言

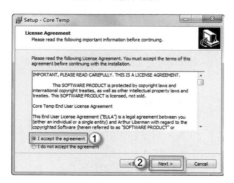

图 D.3　同意协议

图 D.4　选择安装路径

图 D.5 取消多余选项的勾选

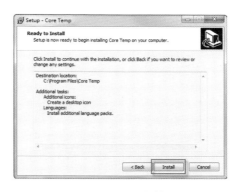

图 D.6 开始安装

图 D.7 安装信息

图 D.8 完成安装

操作系统的语言是简体中文，则程序会自动转换成中文版本，如图 D.9 所示。可以观察到 CPU 的型号、核心数、线程数、主频等参数。单击【选项】→【设置】命令，在弹出的【设置】对话框中单击【系统托盘】选项卡，勾选"处理器主频"选项，单击【确定】按钮，如图 D.10 所示。此时可以观

察到屏幕右下角的任务栏处出现 CPU 的温度、CPU 的主频。由于现在的 CPU 都具有睿频功能，频率会随着 Windows 系统任务量的增加而增加，频率的增长同样会导致 CPU 温度的升高。因此 CPU 的温控不是单一行为，而应与主频联动监视。

图 D.9 启动程序

图 D.10 处理器主频